AF389803

RÉCOMPENSES ANNUELLES.

DEUXIÈME ANNÉE.

DE L'IMPRIMERIE DE BEAU,
A SAINT-GERMAIN-EN-LAYE.

INVENTAIRE

CHRONOLOGIQUE

DES DÉCOUVERTES

SCIENTIFIQUES, LITTÉRAIRES ET INDUSTRIELLES,

DEPUIS LE COMMENCEMENT DU MONDE JUSQU'A JÉSUS-CHRIST.

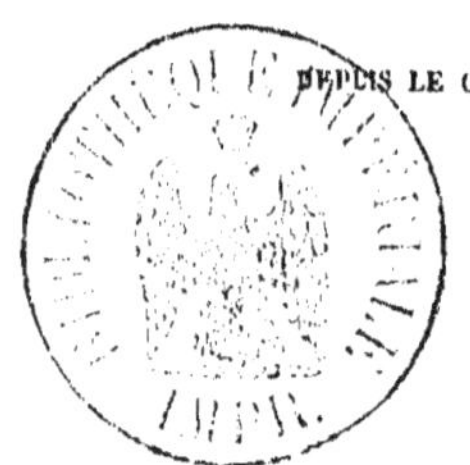

G. S. G.

A VERSAILLES,

CHEZ L'ÉDITEUR, BEAU J⁰ᵉ, IMPRIMEUR,
Rue Satory, 28.

INTRODUCTION.

L'homme est essentiellement perfectible, et cette précieuse qualité pourrait seule, au besoin, prouver contre les matérialistes que le roi de la création n'est pas simplement un mécanisme admirable, mis en mouvement par le hasard aveugle. Les animaux, à la bonne heure, sont en quelque sorte de véritables machines, qui reproduisent éternellement la série bornée des mouvements instinctifs qui leur sont propres. Ils n'ont donc point d'industrie. Les abeilles, par exemple, produisent-elles aujourd'hui un miel plus abondant et plus délicat qu'au temps de Saül et de David ? Quels perfectionnements l'hirondelle a-t-elle apportés dans la construction de son nid ? Depuis si longtemps qu'il célèbre la gloire de son auteur, le rossignol a-t-il ajouté un seul chant nouveau à son ravissant

programme ? C'est à l'homme seul, c'est à son génie créateur que sont réservés les inventions, les
découvertes scientifiques, les perfectionnements
en tout. Qui de nous a pu se défendre d'un certain sentiment d'orgueil, lorsqu'il s'est surpris à
comparer l'état prospère des arts et de l'industrie
actuels avec ce qu'ils étaient au siècle de Louis XIV,
par exemple? Machines puissantes, mécaniques
ingénieuses, paratonnerre, magnétisme, chemins
de fer vaporiens et atmosphériques, aérostats,
éclairage au gaz, ponts suspendus, galvanisme,
télégraphie aérienne, lithographie, bateaux à va-
peur, daguerréotype, télégraphe électrique : voilà quelques-unes des magnifiques inventions qui
ont étonné le monde depuis cent ans. Ce n'est
donc pas sans quelque raison que nous nous in-
titulons, avec si peu de modestie, les enfants du
progrès, les contemporains du siècle des lumières.
La différence est plus grande encore, encore plus
sensible, quand nous nous arrêtons aux âges de
barbarie qui ont précédé et suivi le règne de
Charlemagne. Que serait-ce donc si, remontant
le cours des siècles, nous nous transportions au
temps des patriarches, alors que la simplicité des

arts et des procédés industriels répondait à la simplicité des goûts et des besoins?

Il est cependant une erreur assez répandue que nous devons relever ici. Aveuglément épris des merveilles de l'époque actuelle, on affecte trop souvent de méconnaître celles des Anciens. On jette un regard dédaigneux sur leurs travaux, même les plus dignes d'admiration, et l'on s'écrie : Qu'est-ce que cela? Il y a dans un pareil langage plus que de la légèreté, il y a de l'ignorance et de l'injustice. Aujourd'hui que l'ancien et le nouveau monde nous livrent à l'envi leurs trésors, aujourd'hui que les distances sont presque nulles, et que les bras de l'homme sont si merveilleusement secondés par de puissantes machines, est-il étonnant que nous fassions ce que les Anciens auraient à peine soupçonné? Eh bien ! malgré cette énorme disproportion de moyens et de ressources, ils nous ont jeté plus d'un défi que des siècles nombreux ont encore laissé sans réponse. Quels monuments opposerions-nous aux pyramides de l'Égypte, aux obélisques de Thèbes, au phare d'Alexandrie, aux gigantesques édifices de Babylone, de Balbek et de Palmyre? Quelles routes modernes braveront le temps et tous les éléments de destruction durant deux mille ans comme les chaussées romaines ! Et quand bien même notre siècle produirait quelque chose qui approchât de ces chefs-d'œuvre antiques, ce n'est pas assez d'égaler les Anciens, il faut faire mieux qu'eux. Avons-nous aujourd'hui beaucoup de musiciens capables d'apaiser une révolte, ou de donner la victoire à une armée, comme Terpandre et Tyrtée l'ont fait à Sparte ? Où sont les peintres qui, à l'exemple de Zeuxis et de Parrhasius, imitent si parfaitement la nature qu'ils trompent les yeux les plus clairvoyants ? Cessons donc, encore une fois, de mépriser les siècles qui ne sont plus ; songeons qu'un temps viendra où nos petits-neveux riront peut-être de la *pauvreté* de cette industrie qui nous inspire tant de morgue.

Mais il est temps de parler de l'objet de notre ouvrage, que nous avons destiné aux élèves qui fréquentent les Écoles chrétiennes. Comme son titre l'indique, c'est un simple inventaire des progrès qu'ont faits les arts, les sciences et les lettres depuis l'origine du monde jusqu'à présent. Nous avons préféré l'ordre chronologique, comme plus

rationnel : les faits se présentent tout naturellement, on les surprend pour ainsi dire au passage,
on est frappé de leur soudaine apparition, et l'intérêt se soutient. Du reste, nous ne nous en sommes pas tenu à une sèche nomenclature; chaque
article a reçu tous les développements que récla-
mait son importance. Ici, une anecdote repose
agréablement l'esprit; là, une définition donnée
à propos dispense de recourir au dictionnaire.
Souvent nous avons eu à regretter que le cadre
restreint qui nous était imposé ne nous permît
pas d'entrer dans plus de détails.

Notre livre, nous aimons à le croire, plaira par
la variété qui y règne. Qu'on l'ouvre, par exemple, à la page 99, et les articles *capitole*, *ovation*,
marionnettes, *rhétorique*, *musique*, *perruques*,
viendront aussitôt provoquer la curiosité du lecteur. Une table alphabétique, qui termine le vo-
lume, donne toute facilité pour les recherches
particulières qu'on aurait à faire.

Combien on a déjà écrit sur les inventions et découvertes! Cependant nous ne connaissons aucun
ouvrage du genre de celui-ci. Les uns s'étendent
en réflexions et en dissertations sur l'origine des

lois, des arts et des usages ; les autres se bornent
à dresser des listes plus ou moins inexactes et in-
complètes, qui ne peuvent donner aucune idée des
progrès de la science et de l'industrie. Nous avons
su nous garder de ces deux écueils. Prenant pour
guide la chronologie des Bénédictins, d'après
l'*Art de vérifier les Dates*, nous avons réuni sur
chaque article les notions les plus intéressantes,
discutant toujours, mais en peu de mots, la valeur
des assertions et des témoignages, ou bien indiquant par un simple *dit-on* le peu de certitude qui
s'attache aux faits énoncés. Quand une date est
douteuse ou vague, elle est suivie d'un point d'in-
terrogation (?).

Nous n'avons pas, tant s'en faut, la prétention
d'avoir fait un inventaire complet ; les recherches
qu'aurait nécessitées un pareil travail ne sont pas
de celles qu'on accomplit en quelques jours. Il
nous suffit d'avoir rassemblé un plus grand nombre d'articles que nos devanciers. Plus tard nous
pourrons aisément grossir ce recueil de beaucoup
de faits qui nous avaient échappé d'abord.

Il eût été complètement déplacé de faire de
l'érudition dans un livre qui s'adresse aux jeunes

élèves de nos classes élémentaires; que leur servirait, en effet, une longue liste de citations parsemées dans le texte ou entassées au bas des pages? Nous nous sommes pourtant fait un devoir de citer les auteurs de l'antiquité les plus connus, tels qu'Homère, Hérodote, Strabon, Pline, etc., parce qu'il n'est guère permis aujourd'hui d'ignorer les noms de ces écrivains célèbres.

La plupart des compilateurs, comme nous n'aurons que trop souvent occasion de le remarquer, adoptent aveuglément la première date qui s'offre à leurs recherches, sans même dire où ils l'ont prise. Nous n'avons point agi de la sorte. Quelquefois cependant nous avons reproduit leurs indications erronées, mais c'était ou pour les réfuter, ou pour prévenir les objections des lecteurs qui les auraient rencontrées ailleurs et qui s'étonneraient de ne pas les retrouver ici.

Notre but était de présenter une sorte d'histoire des progrès de l'esprit humain; nous avons donc été obligé de revenir plusieurs fois sur certains articles, tels que la *monnaie*, l'*écriture*, etc., soit pour en constater l'introduction ou l'apparition dans des pays différents, soit pour y signaler quel-

ques perfectionnements nouveaux, soit enfin pour
en suivre les progrès toujours croissants. C'est
aussi dans cette intention que nous avons adopté
le parti de partager les cinquante siècles qui ont
précédé l'ère chrétienne en cinq époques ou pé-
riodes, savoir :

1° De la Création au Déluge, 4963 à 3308
avant Jésus-Christ ;

2° Du Déluge à Moïse, 3308 à 1645 ;

3° De Moïse à la fondation de Marseille, 1645
à 600 ;

4° De la fondation de Marseille à l'avénement
des Ptolémées, 600 à 330 ;

5° Des Ptolémées à Jésus-Christ, 330 à 1.

Terminons cette Introduction, déjà trop longue, par l'indication des sources où nous avons
puisé. Ici encore nous nous permettrons une remarque critique sur la marche suivie par la plupart des auteurs qui courent la même carrière. Ils
négligent presque toujours les documents les plus
précieux, les seuls même qui soient authentiques,
pour se jeter dans les fables de Rome et de la
Grèce. Il n'y a rien de mieux pour eux qu'Homère, Hérodote, Diodore de Sicile, Pline et d'au-

tres écrivains, dont ils invoquent hardiment le témoignage pour des faits antérieurs quelquefois de quinze cents à deux mille ans ! Ce trésor qu'on néglige trop, c'est la Bible; et pourtant on ne se fait pas d'idées du grand nombre de faits intéressants qui s'y rencontrent. En effet, de quel auteur profane tirera-t-on des notions exactes jusqu'à l'an mille avant Jésus-Christ, si on ne les puise pas dans Job, Josué, Moïse, Samuel, David et Salomon? Et même, depuis cette époque, oserait-on mettre en parallèle les Prophètes, les livres des Rois, ceux de Tobie, de Judith, d'Esdras, des Machabées, avec les poètes, les mythologues ou le crédule Hérodote? Pour nous, nous sommes heureux de le dire, nous avons parcouru en entier la volumineuse *Concordance de la Bible* de M. Dutripon, et nous y avons puisé une foule de documents du plus haut intérêt; nous n'avons cependant pas été assez habile pour y découvrir l'invention des armes à feu, comme un certain protestant de l'Allemagne se flatte de l'avoir fait.

Parmi les autres ouvrages que nous avons également compulsés, nous citerons : le *Dictionnaire de Trévoux,* qui ne vieillit pas autant que veulent bien le dire ceux qui, tous les jours, y font de nombreux emprunts; l'*Encyclopédie catholique,* à laquelle on donne en ce moment un supplément considérable; l'*Origine des Lois, des Arts et des Sciences, et de leurs progrès chez les anciens peuples,* par Goguet, ouvrage savant, rédigé dans un excellent esprit; l'*Histoire du Commerce et de la Navigation des Anciens,* par le savant Huet, évêque d'Avranches; l'*Histoire du Commerce, de la Géographie et de la Navigation chez tous les peuples et dans tous les États,* traduite de l'allemand par Duesberg; le *Voyage du jeune Anacharsis en Grèce,* par Barthélemy; *Rome au siècle d'Auguste,* par Charles Dezobry; l'*Histoire des Gaulois,* par Amédée Thierry, etc.

TABLE

DES DIVISIONS.

INVENTAIRE

CHRONOLOGIQUE

DES DÉCOUVERTES

SCIENTIFIQUES, LITTÉRAIRES ET INDUSTRIELLES.

PREMIÈRE PÉRIODE.

Depuis la Création jusqu'au Déluge.

(4963 à 3308 avant Jésus-Christ)

Le peu que l'on sait de l'état des arts, des sciences et de l'industrie avant le déluge, n'a pu être tiré que des premiers chapitres de la Genèse. C'est là que Moïse a consigné les faits les plus importants qui se sont accomplis durant cette période ; il y aurait donc folie à demander aux fabuleux auteurs de l'antiquité païenne des documents qu'il leur a été impossible de se procurer. Moïse a été sans doute fort sobre de détails dans l'histoire des patriarches antédiluviens, et cependant que de faits intéressants ne peut-on pas découvrir dans le peu qu'il a écrit ?

4963 av. J.-C. AGRICULTURE. — *L'agriculture* est le premier de tous les arts, il y a longtemps qu'on

1

l'a dit, et cela est vrai, non-seulement quant à son importance, mais aussi quant à son antiquité, puisqu'on doit en aller chercher l'origine jusque dans le Paradis terrestre. Adam fut donc le premier *laboureur*, le premier *cultivateur;* cependant l'Écriture fait remarquer que Caïn, son fils aîné, s'adonna plus spécialement encore à cette noble profession, qui a été généralement celle de tous les patriarches.

4963. Nourriture. — Les *aliments* des premiers hommes ne consistaient qu'en fruits et en laitage; il est même probable qu'ils furent longtemps avant de les faire cuire. Quelques auteurs doutent que le *pain* ait été connu durant les premiers siècles; pour nous, nous serions porté à croire le contraire, quand nous voyons le soin avec lequel les patriarches s'adonnaient à l'agriculture.

4963. Vêtements.— A peine nos premiers parents eurent-ils eu le malheur de perdre leur innocence par le péché, qu'ils furent chassés du Paradis terrestre. Alors, pour couvrir leur nudité, ils prirent des feuilles de figuier entrelacées; Dieu leur donna ensuite des espèces de tuniques ou de tabliers, faits en écorce d'arbre ou en peaux d'animaux. C'est encore ainsi que se vêtent la plupart des peuplades sauvages.

4963. Année. — Nul doute que les premiers hommes aient divisé le temps en *semaines*, en *mois* et en *années*. La *semaine*, ou l'espace de sept jours, a dû être calquée sur les jours de la création ; tous les peuples de l'antiquité ont connu cette période ; il en est parlé jusqu'à quatre fois dans l'histoire du déluge. Le *mois* se composa d'abord d'une lunaison, c'est-à-dire du temps que met la Lune à faire le tour du Globe ; or ce temps est de 29 jours et demi ; c'est pour cela que le mois était alternativement de 29 et de 30 jours. Enfin, l'*année* comprenait 12 mois lunaires ou 354 jours ; ce n'est que beaucoup plus tard que nous la trouverons composée de 365 jours.

4900? Troupeaux. — Le pacifique Abel, fils d'Adam et d'Ève, fut le premier à former des *troupeaux* ; l'Écriture remarque qu'il rassembla de préférence des brebis et qu'il en prit soin. On sait du reste que la vie pastorale, comme la vie agricole, a toujours été celle des patriarches ; ils étaient loin de la croire déshonorante.

4836? Sacrifices. — Il est très-probable qu'Adam offrait des *sacrifices* au Seigneur ; cependant la Bible n'en dit rien ; elle commence par ceux de Caïn et d'Abel. Le premier offrait des fruits de la terre, et le second, ce qu'il avait de plus gras dans ses troupeaux. Les plus savants commentateurs pensent, et avec raison, que c'est de l'établissement régulier de ces sacrifices que parle l'Écriture, quand elle dit que le patriarche Énos, petit-fils d'Adam, fut le premier à adorer Dieu sur la terre.

4700? VILLES. — Les hommes, presque tous laboureurs ou pasteurs, n'habitaient point en bourgades nombreuses. La Genèse nous apprend que ce fut Caïn qui, le premier, forma une *ville*; il l'appela *Hénoch*, du nom de son fils aîné. On ne sait pas où elle était située, parce que la disposition des pays a dû beaucoup changer, par suite du déluge.

4700? MAISONS. — En rassemblant les traits épars qui peuvent nous éclairer sur ces temps reculés, nous serions en état de faire la description des *maisons* antédiluviennes. Elles étaient probablement construites en bois, en briques et en terre; le bitume servait de ciment et d'enduit naturel, comme cela se voit encore dans certaines contrées de l'Orient; le toit était disposé en terrasse; enfin, les fenêtres ne consistaient qu'en une espèce de treillis, à peu près dans le genre des jalousies ou persiennes.

4700? BRIQUES. — Comme la pierre manque presque totalement dans les pays arrosés par le Tigre et l'Euphrate, les matériaux employés pour bâtir ont dû être la *brique*, séchée au soleil ou cuite au feu. Tels furent du moins ceux qui entrèrent dans la tour de Babel, comme l'Écriture le dit positive-

ment, et comme on peut encore s'en assurer, puisque les ruines de cette tour fameuse, commencée
vers l'an 2929, ont été explorées depuis peu. Le débris le plus considérable consiste en une colline,
dite encore par les habitants *Birs-Nemrod*; elle a 6
à 700 mètres de tour et 66 de hauteur, et elle est
surmontée d'une tour tronquée, qui n'en a plus que
11, mais qui a dû être beaucoup plus élevée jadis.

4700? Feu. — Nous avons des preuves que le *feu*
était connu et employé aux usages domestiques bien
des siècles avant le déluge. Noé et ses enfants s'en
sont également servis; et pourtant on a trouvé des
peuplades sauvages qui n'en avaient aucune idée.
Les Grecs eux-mêmes apprirent de Prométhée, père
de Deucalion, roi de Thessalie, l'art de le tirer d'un
caillou ; c'était vers l'an 1762 avant J.-C.

4700? Outils divers. — Quelque grossières que
fussent les premières constructions, elles supposent
la connaissance de certains outils, tels que le *marteau*, le *levier*, la *pince*, les *tenailles*, la *truelle*, la
pelle, etc. C'est donc à tort que les Anciens en ont
attribué l'invention à divers personnages beaucoup
plus modernes, et dont nous parlerons aux époques
où on les fait vivre.

4700? Arc et Flèches. — Tous les auteurs sont
d'accord que les plus anciennes armes ont été l'*arc*

et la *flèche;* leur simplicité et leur universalité ne laissent aucun doute à cet égard. Les rabbins en attribuent cependant l'invention à Caïn, mais ils ne sauraient appuyer cette assertion sur l'Écriture, qui n'en dit pas un mot.

4600? BORNAGE DES PROPRIÉTÉS. — Dans leurs commentaires sur la Genèse, les rabbins prétendent aussi que ce fut Caïn qui imagina le premier de limiter les propriétés de chaque famille; cela peut être, mais la Bible n'en parle d'aucune façon. On pourrait seulement conjecturer que cela avait été nécessaire au milieu de cette race des enfants des hommes, qui, sans doute, étaient devenus aussi peu scrupuleux sur l'article de la probité que sur les autres.

4600? POIDS ET MESURES. — Les Juifs attribuent également à ce malheureux père des enfants des hommes l'institution des *poids* et des *mesures;* rien ne le prouve, si ce n'est peut-être, encore une fois, la perversité de sa race.

4500? FIL ET CORDES. — Nous n'avons aucune donnée sur l'origine de l'art de *filer* et de fabriquer des *cordes;* il est plus que probable qu'on le connaissait à l'époque où nous sommes parvenus. Auparavant, de simples peaux de bête, des joncs, de l'osier, etc., en tenaient lieu; de là à tresser des écorces et des filaments pour en faire des *nattes*, il n'y a qu'un pas.

4500? Poésie. — Une remarque fort curieuse, c'est que dans les premiers temps les hommes ne se servaient que du langage *poétique*, c'est-à-dire qu'ils parlaient toujours d'une manière solennelle et sentencieuse. Le seul discours antédiluvien qui nous ait été conservé est dans ce style; c'est celui que Lamech, sixième descendant de Caïn, prononça après avoir commis un meurtre involontaire.

4400? Tentes. — L'Écriture nous dit que Jabel, fils aîné de ce Lamech, fut le père de ceux qui habitent sous des *tentes*, ce qui veut dire qu'il en fut l'inventeur. La tente était indispensable aux patriarches, presque tous pasteurs ou nomades. Après le déluge même, la plupart des enfants de Noé n'eurent pas d'autres habitations pendant longtemps.

4200? Cithare et Orgue antique. — Ces deux instruments de musique sont dus à Jubal, frère de Jabel; mais il est difficile d'en donner la vraie description. La *cithare* était peut-être une sorte de *lyre à trois cordes*, sur laquelle nous aurons à revenir plus tard. Quant à l'*organum*, tout fait présumer que c'était un assemblage de roseaux, différents de grandeur et de grosseur, à peu près comme la flûte de Pan. N'importe, quelque imparfaits que fussent ces premiers *instruments à cordes* et *à vent*, ils ont été le point de départ de beaucoup d'autres, et ont donné naissance à l'art si intéressant de la *musique*.

4200? FER, AIRAIN, etc. — La famille de Lamech a vraiment brillé dans les arts. Tubalcaïn, frère de Jabel et de Jubal, fut le premier qui travailla le *fer* et l'*airain*. Ce peu que la Bible dit de lui donne une idée avantageuse de l'industrie *métallurgique* de ces siècles reculés; on savait extraire les métaux, fondre le *cuivre*, forger le *fer*, composer et employer l'*airain*. On faisait donc usage du *feu*, du *marteau*, des *pinces*, de l'*enclume*, et de divers autres outils ou instruments dont nous avons déjà supposé l'existence.

4200 ? TOILE, ÉTOFFES DE LAINE. — Noéma, sœur de Tubalcaïn, est regardée par quelques auteurs comme ayant inventé l'art de *filer la laine* et celui de *tisser*. Cela est possible, mais l'Écriture ne le dit pas, quoiqu'elle ait mentionné expressément les inventions précédentes. Il est néanmoins certain que ces arts étaient connus avant le déluge.

4000 ? ARTICLES DIVERS. — Nous n'avons rien de sûr touchant l'époque de l'invention d'un grand nombre d'objets qui sont d'un usage très-ordinaire, et qui étaient certainement connus à l'époque où nous sommes parvenus, c'est-à-dire environ mille ans après la création. De ce nombre sont diverses sortes d'instruments aratoires, tels que la *bêche*, la *pioche*, la *houe ;* des instruments tranchants, comme le *couteau*, le *sabre*, l'*épée*, peut-être la *hache* ou *cognée ;* des *ustensiles* de ménage , des *meubles* grossiers, l'*échelle*, la *poterie* cuite au feu ou au soleil, des *vases* en bois, peut-être même des *outres* en peau, etc.

3600 ? CHARRUE. --- On attribue assez ordinairement à Noé l'invention de la *charrue ;* c'est sans doute à cause que l'Écriture dit que, après le déluge, ce saint patriarche recommença à cultiver la terre. La méthode employée pour labourer la terre a bien varié dans l'antiquité ; ainsi quelques peuplades de l'Afrique déchiraient le sol avec des sabres ; les anciens habitants des îles Canaries traçaient les sillons avec des cornes de bœuf ; les Gaulois avaient une charrue à deux roues, etc.

3408. VAISSEAU. — Rien ne prouve que la *navigation* fût connue avant le déluge, bien au contraire. C'est donc l'arche de Noé qui doit être regardée comme le plus ancien *navire*, quoiqu'elle ne ressemblât en rien à ceux que l'on construit de nos jours. En effet, c'était un immense coffre enduit de bitume, et dont Dieu avait lui-même donné le plan ; elle avait 162 mètres de long, 27 et demi de large, et environ 16 de haut; il fallut cent ans entiers pour la construire.

3408. Coudée. — La *coudée* était une mesure prise dans la nature, puisqu'elle égalait la longueur du bras d'un homme depuis le coude jusqu'à l'extrémité des doigts. Elle a varié chez les différents peuples; celle dont Moïse s'est servi pour décrire l'arche de Noé, et qui était en usage dès avant le déluge, paraît être la *coudée sacrée* des Egyptiens; elle équivalait à 54 centimètres.

Nous avons parcouru la première période de l'histoire du monde, période qui embrasse un espace de 1656 ans. Les hommes antédiluviens avaient sans doute acquis bien d'autres connaissances, fait bien d'autres progrès que ceux que nous avons mentionnés; mais, comme la Bible ne nous dit rien qui puisse nous aider à les discerner, nous avons préféré n'en pas parler, plutôt que de nous exposer à les citer au hasard. D'ailleurs le déluge a tout détruit, et le monde nouveau qui va suivre aura presque tout à refaire.

DEUXIÈME PÉRIODE.

Depuis le Déluge jusqu'à Moïse.

(3308 à 1645 avant Jésus-Christ)

Le déluge, ce grand cataclysme qui ensevelit le monde pour le régénérer, fit disparaître une partie des résultats qu'avaient obtenus les premiers hommes. Sans doute Noé et ses enfants en conservèrent beaucoup, mais ils ne les transmirent pas tous à leurs descendants. Nous allons donc voir renouveler plusieurs découvertes que nous avions déjà eu occasion de signaler.

3307. Autel. — Au sortir de l'arche qui l'avait préservé du déluge, Noé dressa un *autel en pierre* et offrit à Dieu un sacrifice d'actions de grâces. C'est la première fois que l'histoire sacrée parle d'autel ; cependant l'usage devait en être ancien parmi les patriarches, surtout depuis qu'Énos avait réglé le culte extérieur qui serait rendu à Dieu. (*Voyez page 4.*)

3307. ARC-EN-CIEL. — Plusieurs savants, fondés sur un passage de la Genèse, prétendent que l'*arc-en-ciel* n'avait pas encore paru lorsque Dieu le donna à Noé comme signe de son alliance. Il ne pleuvait pas avant le déluge, disent-ils, une rosée abondante fertilisait seule la terre; donc il n'y avait pas d'arc-en-ciel. Mais, quand même ce brillant phénomène serait aussi ancien que l'atmosphère, rien n'empêchait que Dieu le prît pour signe de son alliance.

3307. NOURRITURE. — Ce n'est qu'après le déluge que Dieu permit aux hommes de faire servir à leur nourriture la chair des animaux ; auparavant, comme nous l'avons déjà dit, ils avaient pour aliments les fruits de la terre et le laitage des animaux.

3300? VIN. — Noé avait planté la vigne peu après avoir repris la culture de la terre; il fut le premier à tirer du raisin ce jus si vanté qu'on appelle le *vin*. Il paraît qu'on ne le connaissait pas avant le déluge. Les habitants du village arménien d'Argouri, le seul endroit habité qui existât jadis sur le versant de l'Ararat, virent engloutir leurs maisons le 19 juin 1840, par suite d'un épouvantable tremblement de terre. Or ces habitants cultivaient de temps immémorial de célèbres *vignobles*, que la tradition du pays disait avoir été plantés par Noé. Ces vignobles, détruits en grande partie par les éboulements de 1840, étaient placés sur les flancs de l'Ararat, à une hauteur de treize cents mètres.

3250 ? Arc et Flèches. — Nous avons déjà mentionné ces armes comme étant connues dès avant le déluge; ce furent aussi les premières employées après; il n'en est pourtant point parlé nommément avant l'an 2259, où la Bible dit qu'Ismaël, retiré dans les déserts de l'Arabie, y devint habile à tirer de l'arc.

3200 ? Chasse, Pêche. — Quoique les premiers habitants de la terre ne fissent aucun usage de la chair des animaux, peut-être ne laissaient-ils pas de les poursuivre dès avant le déluge, soit pour diminuer la race de ceux qui étaient dangereux, soit pour leur ravir leurs utiles fourrures. Toutefois ce n'est que depuis le déluge qu'il est parlé clairement de la *chasse*; Nemrod, petit-fils de Cham, était, dit l'Écriture, un violent chasseur devant le Seigneur. Quant à la *pêche*, elle a dû être pratiquée un peu plus tard, par suite de la permission accordée à Noé.

2929 ? Architecture. — Le plus ancien *monument* dont parle l'Histoire Sainte est la *tour de Babel*, élevée sur les bords de l'Euphrate, à l'endroit où avait déjà été bâtie la *ville* de Babylone. On dit que les enfants des hommes y travaillèrent durant vingt-deux ans, jusqu'à ce que la confusion des langues

les obligeât de renoncer à cette entreprise insensée.
Ce colossal édifice fut construit en briques cuites
au feu; les ruines en ont été explorées récemment
avec celles de Babylone, comme nous l'avons déjà
dit ci-devant.

2907. LANGUES. — Quelle était la *langue* d'Adam
et de Noé? On l'ignore complètement. Malgré les
nombreux travaux des savants, on ne peut pas
prouver que ce soit l'hébreu. Ce qu'il y a de certain, c'est que, jusqu'ici, les hommes n'avaient eu
qu'une seule et même manière de s'exprimer. Mais
Dieu voulant arrêter l'orgueil de ceux qui avaient
entrepris la tour de Babel, confondit leur langage,
de sorte qu'ils ne s'entendirent plus et qu'ils se sé-
parèrent. C'est de là que sont venus ces nombreux
idiomes parlés sur la surface du Globe; on en fait
monter aujourd'hui le nombre à plus de 860, sans
compter environ 5000 *dialectes* ou patois principaux.

2800? NAVIGATION. — Les premiers essais de *navigation* sont dus aux enfants de Japhet, qui peuplè-
rent la Grèce et les contrées voisines, que l'Écriture
appelle les îles des nations. L'arche de Noé n'était
pas destinée à naviguer d'un lieu à un autre, mais
seulement à voguer à la surface des eaux. La plus
ancienne mention de *navires* que nous ayons ren-

contrée se trouve dans les bénédictions prophétiques de Jacob, prononcées en 2059. L'historien grec Hérodote, qui vivait au ve siècle, assure que ce sont les Phocéens qui, les premiers, entreprirent sur mer des *voyages de long cours*. (*Voyez page 83.*)

2800? POINTS CARDINAUX. — Cette manière d'indiquer la direction et la position des lieux est incontestablement de la plus haute antiquité; ce n'est pourtant que dans l'histoire d'Abraham, en 2289, que l'Écriture nomme ensemble les quatre *points cardinaux*. Plus tard nous verrons que leurs noms actuels, *Nord, Est, Sud, Ouest*, sont dus à Charlemagne.

2698? CLOCHES, etc. — Les Chinois prétendent, dans leurs Annales, que ce fut leur empereur Hoang-ti qui, le premier, fit fondre de *grosses cloches;* mais cela est plus que douteux, au moins quant à cette époque reculée. Ils attribuent à ce même prince : 1° la construction des *ponts;* ce qui n'est pas mieux prouvé. 2° L'*art de teindre;* mais cet art devait être plus ancien; d'ailleurs nous le trouvons établi d'une manière positive dans d'autres contrées presque dès cette époque; ainsi, en 2097, les frères de Joseph teignirent dans le sang d'un chevreau sa robe, qui était de diverses *couleurs;* vers le même temps, la Bible parle d'un ruban d'é-

carlate, qui fut attaché au bras de Zara, frère de Pharès, l'un des ancêtres de N. S.; enfin, vers 2005, Job vantait les belles *couleurs* de l'Inde. 3° On attribue encore à Hoang-ti l'usage du *cuivre*; il est pourtant certain que ce métal était connu avant le déluge, et que les Anciens s'en servirent longtemps à la place du *fer*, qui est moins facile à travailler.

2600? ÉTABLES. — Dès que les hommes commencèrent à rassembler des troupeaux, ils durent leur construire des *étables*; on pourrait donc en faire remonter l'origine jusqu'au temps d'Abel. Toutefois les plus anciennes *étables à moutons* que mentionne l'Écriture sont celles de Laban, qui demeurait à Haran, dans la Mésopotamie; ce qui nous reporte à l'an 2129.

2600? TONTE DES MOUTONS. — C'est aussi dans l'histoire de Laban et de Jacob qu'il est parlé pour la première fois de l'usage de *tondre les moutons*; mais nul doute qu'il en fût ainsi dès avant le déluge, puisque Noéma passe pour avoir inventé l'art de tisser la *laine*.

2500? PUITS, CITERNES. — L'usage de creuser des *puits* est certainement un des plus anciens; les patriarches, nomades et pasteurs, ont dû en sentir de bonne heure la nécessité. Les *citernes* sont peut-être moins anciennes; on en trouve une mention expresse en 2097 : Joseph fut descendu par ses frères dans une vieille citerne sans eau.

2500? COMMERCE. — Tout le monde sait que ce sont les Phéniciens qui, les premiers, se sont distingués dans le *commerce*. Sidon, leur ville principale, fondée en 2760, par Sidon, fils de Chanaan, devint un port des plus actifs, et conserva longtemps l'empire de la *navigation* et du *commerce maritime*.

2500? OR ET ARGENT. — Le commerce dut d'abord se faire par échange, comme cela se pratique toujours chez les peuples non civilisés. Bientôt, cependant, *l'or* et *l'argent* furent regardés comme les représentants de la richesse et de tous les objets de valeur; il est dit d'Abraham, en 2296, qu'il avait beaucoup d'*or* et d'*argent*. Mais ces deux métaux précieux étaient-ils déjà monnayés? Nous ne le pensons pas; ils se fractionnaient sans doute en lingots, qu'on pesait plutôt qu'on ne les comptait.

2450? FARINE, PAIN. — Déjà nous avons émis l'opinion que le *pain* était connu dès avant le déluge, mais nous n'en avons pu donner aucune preuve positive. La Bible ne mentionne pas la *farine* et le *pain azyme*, c'est-à-dire sans levain, avant l'an 2267; elle en parle à l'occasion des anges qui annoncèrent un fils à Abraham, et de ceux à qui Loth offrit dans Sodome une généreuse hospitalité.

2450? Fours, Moulins.— Le pain se cuisait le plus souvent sous la cendre et ne se préparait, comme les autres aliments, qu'au moment du repas. L'histoire d'Abraham nous fait connaître les *fours* dès l'an 2281; on en ignore l'auteur, et c'est sans aucun fondement que Pline le naturaliste les attribue à un égyptien nommé Annus. Quant aux *moulins*, leur origine est encore plus obscure, parce que tout ce que nous venons de dire ne suppose pas nécessairement leur existence; en effet, les Anciens broyaient le blé entre deux pierres, et ce n'est que tard qu'ils se sont avisés de faire mouvoir ces pierres par des moyens mécaniques, par des animaux domestiques, ou plus souvent encore par des esclaves.

2450? Lampes, Huile.— L'usage des *lampes* nous est attesté par un passage de la Bible qui se rapporte à l'an 2281 ; elles devaient même être encore plus anciennes. Mais avec quoi les alimentait-on? La première *huile* dont il soit parlé est celle que Jacob répandit sur la pierre monumentale qu'il éleva en Béthel, en 2129. Nous ne sommes pas mieux instruits sur la méthode qu'on suivait alors pour l'extraire des plantes oléagineuses; probablement qu'on se contentait de broyer les olives et les autres graines qui contiennent le plus d'huile.

2400? Souliers et Sandales.— Tout ce que nous

trouvons dans l'Écriture sur les *souliers* se borne à peu de chose. Depuis plusieurs siècles, les hommes portaient des *chaussures* liées avec des courroies ou de gros fil, ainsi que nous le lisons dans l'histoire d'Abraham sous l'année 2281. Ces chaussures étaient vraisemblablement des espèces de *sandales*, plutôt que des souliers comme nous en avons aujourd'hui. Cependant ceux-ci sont d'une haute antiquité : les Romains en portaient déjà dès le temps de Duillius, 260 ans avant l'ère chrétienne.

2400 ? FRONDE. — Cette arme paraît avoir été, après l'arc, la première dont on se soit servi pour lancer des projectiles. Nous n'en connaissons point la date précise ; peut-être en fit-on usage dès avant le déluge. Job en parle le premier, ce qui nous reporte au moins à l'an 2000. Quoi qu'il en soit, on s'en est servi dans les armées presque jusqu'à nos jours, car il y avait encore des *frondeurs* au mémorable siége de Sancerre (Loir-et-Cher), soutenu par les Protestants en 1573.

2400 ? BEURRE, SEL. — Nos premiers parents vivaient de fruits et de laitage, mais avaient-ils déjà trouvé le moyen d'extraire le *beurre ?* Nous ne le savons pas ; la première fois que la Bible emploie ce mot, c'est lorsqu'elle raconte la manière dont Abraham traita les trois anges qui vinrent le visiter en 2267. Job le connaissait également deux cents ans plus tard (1). C'est ce même auteur qui, le premier, a mentionné le *sel* comme entrant dans la préparation des aliments.

2300 ? CALENDRIER, ANNÉE SOLAIRE. — On prétend que la formation du *calendrier* et de l'*année solaire*, qui embrassait 365 jours, est due à Yao, célèbre empereur de la Chine; mais cette assertion ne repose que sur les Annales de ce pays, dont l'authenticité n'est pas encore bien établie. Du reste, il est douteux qu'à cette époque les Chinois eussent une année différente de celle des autres peuples, qui n'employaient que celle de 354 jours.

2300 ? ASTRONOMIE. — On s'accorde généralement à regarder les Chaldéens ou les Babyloniens comme ayant les premiers observé le cours des astres; la beauté du ciel dans leur pays, l'antiquité de leur nation, la hauteur prodigieuse de la tour de Babel, tout favorisait cette étude. Nous allons rassembler ici les plus anciens documents astronomiques auxquels on puisse assigner une date : 1° Les premières *observations* que les Babyloniens aient conservées

____

(1) On dit que les ruines de Pompéi ont offert du *beurre* parfaitement conservé. Ce fait, s'il est vrai, serait un des plus curieux qu'on ait observés dans cette antique cité, ensevelie sous les débris d'une éruption du Vésuve l'an 79 de Jésus-Christ. Les ruines n'en ont été découvertes et explorées que depuis 1758.

remontent à l'an 2234, s'il est vrai qu'ils les aient continuées durant 1903 ans, jusqu'au temps où Callisthènes, ami d'Alexandre le Grand, les recueillit et les fit connaître. 2° Les *éclipses* ont dû attirer de bonne heure l'attention des peuples ; la première dont parlent les Annales chinoises est une grande éclipse de soleil, arrivée le 12 octobre 2155 avant J.-C. 3° Très-probablement les peuples avaient déjà groupé en *constellations* les principales étoiles visibles ; ainsi le livre de Job nomme, vers l'an 2005, *Arcturus, Orion* et les *Pléiades*. 4° Les *planètes* les plus brillantes ont été naturellement les premières distinguées des étoiles. On croit que *Vénus* était connue dès le xxi° siècle avant J.-C.; *Mars*, dès le xx°; *Mercure*, au xix°; *Jupiter*, au xviii°, et *Saturne*, la plus éloignée, au xvii°. Nous n'avons pas besoin de dire que ces dates sont loin d'être positives; elles sont probables, voilà tout.

2300 ? BIJOUX, etc. — L'Égypte et la Chaldée savaient déjà transformer l'or en *bijoux*, comme nous l'apprenons de divers passages de l'Écriture. Ainsi, en 2226, Éliézer, le fidèle serviteur d'Abraham, offrit à Rébecca des *bracelets* et des *pendants d'oreilles* en or, dont le poids était considérable; ainsi, en 2084, Pharaon, roi d'Égypte, donna à Joseph un *collier* d'or, marque de sa dignité, et lui passa au doigt un *anneau* ou *bague* de grande valeur. Ces détails nous font connaître que, dès ces siècles reculés, on savait travailler délicatement les métaux précieux.

2295. Armée, etc. — La plus ancienne *expédition militaire* dont nous ayons une connaissance certaine est celle de Chodorlahomor, roi des Élamites ou Perses, contre la Pentapole, dans le pays de Chanaan. Ce prince n'avait sans doute pas une *armée* bien nombreuse ; néanmoins il resta victorieux et imposa un *tribut* annuel aux vaincus. Peu de temps après, c'est-à-dire en 2267, nous voyons qu'Abimélech, roi de Gérare, dans le voisinage de la Pentapole, avait aussi une armée régulière. Un peu plus tard, l'Égypte offre la première des corps de *cavalerie*. Mais c'est dans le livre de Job que nous trouvons les plus précieux détails sur l'art de la *guerre*, les *armes* et les *insignes militaires*. Nous y apprenons que plus de vingt et un siècles avant Jésus-Christ, on connaissait les *fortifications* pour protéger les villes, les *drapeaux* pour conduire les armées au combat, la *trompette* pour animer les troupes, le *frein* pour modérer l'ardeur des chevaux, l'*arc*, la *fronde*, le *javelot*, l'*épée*, la *lance* et la *pique*, pour frapper les ennemis de loin comme de près, enfin le *bouclier* et la *cuirasse* pour résister à leurs coups ou à leurs traits.

2267. Monnaie. — Lorsqu'Abraham quitta Abi-mélech, roi de Gérare, il reçut de ce prince mille *pièces d'argent* pour en acheter un *voile* à Sara : c'est là la première mention d'argent monnayé qu'il y ait dans la Bible. Qu'étaient-ce que ces pièces d'argent? quelles en étaient la forme, l'effigie et la valeur? Toutes ces questions restent sans réponse. Cependant on a des preuves que cette monnaie phénicienne n'avait pas de valeur bien réglée, puisqu'on la pesait pour l'estimer, comme nous le voyons lorsque Abraham acheta, en 2229, la caverne double destinée au tombeau de Sara. Quelques interprètes pensent que chaque pièce portait la figure d'un animal, eu égard à sa valeur, tels que le bœuf, le mouton, l'agneau, et que c'est pour cela qu'on trouve quelquefois cette expression : *Il l'acheta pour mille bœufs, mille agneaux*, etc. Cette dénomination a pu être adoptée dans quelques contrées, comme elle le fut plus tard à Rome, mais cela dura peu. Dès le temps d'Abraham, nous trouvons que l'unité de monnaie, comme l'unité de poids, était le *sicle ;* ce serait vainement qu'on en chercherait la valeur exacte. De ce qu'on pesait la monnaie dès avant l'an 2229, il suit naturellement qu'on connaissait alors les *balances ;* ce n'est pourtant que dans Job qu'on en trouve la première mention expresse.

2267. STATUES. — En parlant de la manière dont la femme de Loth fut punie de sa curiosité pour avoir regardé l'embrasement de Sodome, l'Écriture dit qu'elle fut changée en une *statue de sel ;* ce mot fait entendre que l'on avait peut-être déjà commencé à faire des figures d'hommes ou d'animaux. Toutefois ce n'est qu'au temps de Moïse que l'on voit positivement l'existence de la *statuaire.* Les Grecs l'attribuaient à Prométhée, père de Deucalion. Ils feignaient que, vers l'an 1762, ce civilisateur avait fait un homme avec de l'argile, et qu'il avait dérobé un rayon au Soleil pour l'animer. On sent bien que c'est là une pure fable ; néanmoins elle cache sans doute un sens analogue à celui dont nous venons de parler.

2229 ? ACTES PUBLICS. — Le premier dont parle l'histoire est celui d'Abraham, quand il acheta la caverne d'Ephron. Cette affaire fut traitée de vive voix, en présence des habitants de Heth, assemblés à la porte de la ville. C'est ainsi qu'ont été passés les *actes publics* pendant plusieurs siècles.

2200 ? TAMIS. — Depuis bien des années déjà on savait moudre, ou du moins broyer le grain, mais il n'est pas prouvé qu'on ait su aussitôt séparer le son de la farine. Il paraît que ce furent les Égyptiens qui, les premiers, s'avisèrent de fabriquer des *tamis.* Cette opinion est sans doute fondée sur ce que l'É-

criture rapporte du grand panetier de Pharaon, l'an
2087. Ce sont les Gaulois qui ont inventé l'art de fabriquer le *crible* de crin ; Pline le dit, mais il n'indique pas à quelle époque.

2200 ? FROMAGE. — On connaissait le beurre dès
le xxv° siècle au moins, mais confectionnait-on déjà
du *fromage* ? Job est le premier qui en fasse mention,
et peut-être même qu'il ne parle que du lait caillé.
Mais il n'y a plus de doute dans ce que l'Écriture
dit du jeune David, en 1048 : son père l'envoya porter dix fromages au mestre-de-camp de ses frères,
qui étaient dans les troupes de Saül.

2200 ? CHARS. — Si l'on s'en rapportait aux auteurs profanes qui ont parlé de l'origine des *chars*,
il serait impossible de concilier leurs assertions. L'un
dit : Ils sont dus à Callithéa, d'Argos, prêtresse de
Junon, qui les employa, en 1678, pour donner plus
de pompe aux cérémonies religieuses. Un autre :
Érichthonius Ier, quatrième roi d'Athènes, avait les
jambes contrefaites ; il établit, vers 1570, l'usage
des *courses de chars*, et y gagna la première victoire. Hygin prétend que ce prince n'établit que les
quadriges, c'est-à-dire les chars à quatre chevaux.
Toutes ces versions peuvent être vraies quant aux
Grecs, mais les chars étaient beaucoup plus anciens
en Égypte. Pharaon en avait un ; Joseph en envoya

à son père pour l'amener à la cour. Moïse nous apprend que ces chars avaient des *roues*; d'abord ils n'en eurent que deux, les Phrygiens y en mirent quatre, et les Scythes, jusqu'à six.

2200? EMBAUMEMENT. — Les Égyptiens s'imaginaient que l'âme ne quittait le corps que lorsqu'il était en complète putréfaction; c'est sans·doute cette idée qui les a portés à embaumer les morts. Après avoir fait subir au cadavre certaines opérations, ils y introduisaient des aromates et des parfums, l'entouraient de bandelettes et le déposaient dans le cercueil. Leur méthode était si parfaite, que les corps ainsi préparés se sont assez bien conservés jusqu'à nos jours, sous le nom de *momies*. L'art des *embaumements* est fort ancien; le premier que l'on sache par l'histoire avoir été ainsi enseveli est Jacob, mort en Égypte l'an 2059.

2200? TEMPLES. — On croit que ce furent les Égyptiens qui commencèrent à élever des *temples* à la divinité. La Bible nous apprend que Putiphar, dont Joseph épousa la fille, était prêtre d'Héliopolis, mais elle ne dit pas positivement s'il y avait un temple dans cette ville. La plus ancienne mention de ces édifices sacrés se trouve dans l'Exode, en 1645. Les Athéniens en dédièrent un à Jupiter dès le temps de Deucalion, vers 1620. Celui de Salomon est le premier qui ait été consacré au vrai Dieu ; la dédicace solennelle en fut faite en 991.

2200 ? ÉCRITURE. — L'art si ingénieux de

Donner de la couleur et du corps aux pensées,

remonte à la plus haute antiquité, mais la date et l'auteur en sont inconnus. C'est Job qui en a parlé le premier, vers 2005, en même temps qu'il s'en est servi. Les briques trouvées dans les ruines de Ninive et de Babylone portent des caractères qui pourraient bien dater de cette époque. Alors l'écriture ne consistait probablement qu'en *hiéroglyphes*. On connaît un autre monument écrit qui paraît remonter aussi jusque-là : l'inscription de Yu, mort en 2198 ; c'est la plus ancienne de la Chine. Elle était gravée sur un rocher de la province du Hou-kouang, et elle subsista jusqu'au ixe siècle de notre ère, époque où le rocher fut brisé. On en conserva une copie, dont il se trouve des reproductions à la Bibliothèque impériale, à Paris. Les caractères de cette inscription ne ressemblent point aux caractères chinois actuels.

2199. HYDROMEL. — Cette boisson célèbre, composée d'eau et de miel, fut connue de la plupart des peuples de l'antiquité. On prétend qu'elle fut inventée en 2199 par un Chinois, qui, pour cela, fut exilé à perpétuité. Ce fait est inexact ; la liqueur que cet infortuné présenta à l'empereur Yu était extraite du riz, et il ne fut exilé que parce qu'elle était enivrante. Le *miel* n'est nommé pour la première fois dans l'Écriture qu'en 2076; Jacob en envoya à Joseph avec d'autres productions de son pays, savoir de la *résine*, du *storax* (espèce de gomme), de la *myrrhe* et de la *térébenthine*. On voit par ce qui précède combien sont fausses les versions qui disent que ce fut Gonoris, roi des Cynètes (Portugal), qui, le premier, fit usage du *miel*, 1520 ans avant Jésus-Christ.

2155. ÉCLIPSES. — La première *éclipse de soleil* dont il soit question dans les livres chinois a dû avoir lieu à cette époque. Il a été facile aux astronomes d'en vérifier l'exactitude. En effet, ils ont reconnu : 1° qu'elle était arrivée le 12 octobre; 2° qu'elle s'était renouvelée tous les 18 ans 11 jours à peu près; 3° qu'on l'a observée le 28 juillet 1851 pour la 222ᵉ fois. On fait beaucoup d'honneur aux Chinois de les gratifier de si belles découvertes dans ces siècles reculés; mais il faut sans doute rabattre un peu de leurs magnifiques observations. Quoi qu'il en soit, voici le petit conte que font leurs Annales à propos de l'éclipse précédente : Sous l'empereur Tchong-Kang, les astronomes Hi et Ho étaient chargés de la rédaction d'un calendrier et de la prédiction des phénomènes célestes. Absorbés par leurs plaisirs, ils eurent le malheur de ne **point** annoncer au public qu'il y aurait éclipse le 12 octobre, ce qui jeta tout le monde dans une étrange consternation, et l'empereur punit de mort ces deux coupables astronomes.

2109. TYMPANON. — C'était une espèce de *timbale* ou de *tambour* à une seule peau, connue dès la plus haute antiquité chez les Chaldéens, les Perses, etc. C'est en 2109 qu'il en est parlé pour la première fois dans la Bible, alors que Laban dit à Jacob que, s'il avait connu son départ, il l'aurait reconduit en chantant et en s'accompagnant du *tympanon*.

2100? HERSE. — On prétend que les Chinois connaissaient cet instrument de labourage dès cette époque ; nous en trouvons une mention vague dans Job, et une positive seulement au temps de David.

2097. CARAVANES. — L'usage de voyager et de commercer par *caravanes* existe de toute antiquité en Orient ; nous le voyons mentionné en 2097, lorsque Joseph fut vendu par ses frères à des Ismaélites ou Madianites, qui passaient par là. C'était une caravane de marchands, transportant de l'Arabie en Égypte des aromates, de la myrrhe et de la résine, sans doute pour servir aux embaumements.

2087. GOUVERNEMENT, POLICE. — L'Égypte a toujours passé dans l'antiquité pour un pays modèle. Il est de fait, par le peu qu'en rapporte l'Écriture, qu'on y voyait au temps de Joseph des institutions remarquables. Ainsi le roi avait un *trésor*, un *palais*, des *greniers de réserve*, des *officiers* de toute sorte ; il y avait également une *prison* publique, des *impôts* fixes, des *supplices* réglés pour les criminels : on les *pendait*, on les *lapidait*, on les mettait en *croix*. Tout cela, joint aux progrès qu'ils avaient faits dans l'industrie, le commerce, les arts et les sciences, prouve que les Égyptiens étaient déjà parvenus à un haut degré de civilisation, et justifie la réputation de sagesse dont ils jouissaient parmi les autres nations.

2087. BOULANGERIE, PATISSERIE. — Le grand panetier de Pharaon, roi d'Égypte, d'après les détails que lui-même donna à Joseph, avait acquis une certaine habileté dans l'art de préparer la fleur de farine, de faire la pâte et de lui donner toutes sortes de formes. Cela prouve la haute antiquité de la *boulangerie* et de la *pâtisserie*, professions que les Romains n'ont connues que 170 ans avant Jésus-Christ. Les premiers *fours* dont il soit parlé sont mentionnés comme existant dès le temps d'Abraham. (*Voyez* l'an 2450 ?)

2084. BYSSUS. — On a beaucoup disserté sur ce que c'était que le *byssus* ; on a même cru que c'était notre *coton* ; mais il paraît plus probable qu'on donnait ce nom au fin *lin*, cultivé depuis longtemps en Égypte. Pharaon donna à Joseph une robe d'honneur tissue en byssus.

2076. HÔTELLERIES, AUBERGES. — Les Grecs, notamment Hérodote, attribuaient les *auberges* ou *hôtelleries* aux Lydiens, et en fixaient l'établissement vers l'an 1500 ; mais il en est fait mention bien plus tôt dans la Bible. C'est dans l'*auberge* où ils s'arrêtèrent en sortant du palais de Pharaon, que les frères de Joseph retrouvèrent l'argent qu'on avait caché dans leurs sacs ; il y avait donc des *hôtelleries* chez les Égyptiens en 2076.

2059. MÉDECINE. — Les premiers hommes étaient si sobres, si réglés en tout, qu'ils ne connaissaient point la plupart des maladies ; on peut même dire que c'est à la frugalité et à la simplicité de leur régime qu'ils ont dû cette longue carrière qu'ils ont parcourue. Les maladies n'ont, pour ainsi dire, commencé qu'avec le raffinement dans la nourriture, et la *médecine* est venue avec les maladies. Ce sont les Égyptiens qui paraissent avoir eu les premiers ce triste privilége ; ils avaient des *médecins* dès le temps de Joseph ; il en est parlé à la mort de Jacob, en 2059. La médecine fit peu de progrès chez les Orientaux. Si nous en croyons Hérodote, il n'y avait point encore de médecins à Babylone au sixième siècle. Les malades étaient transportés sur la place publique; chaque passant s'approchait d'eux, et était dans l'obligation de lui donner une consultation et de lui dire ensuite si l'on avait connaissance de quelque remède convenable.

2040? PÊCHE EN GRAND. — On prétend que dès cette époque reculée les Égyptiens faisaient déjà en grand la *salaison* du poisson, mais nous n'avons trouvé nulle part la preuve de ce fait. Ce qu'il y a de certain, c'est que la *pêche* était alors fort en usage dans ce pays, ainsi que dans l'Arabie. Job nous en assure, et nous fournit même à cet égard des détails pleins d'intérêt. Ainsi les pêcheurs employaient dès lors la *seine*, les *rets* ou les *filets* pour prendre le poisson; quelquefois même ils le frappaient de leurs traits ou de leurs flèches; on a même quelque sujet de croire qu'on prenait avec de forts *hameçons* le crocodile et les autres monstres marins.

2005. LIVRES. — Il ne faut pas s'imaginer que ce qu'on appelait alors *livres* fût semblable à nos volumes actuels ; ils ne consistaient qu'en rouleaux d'écorce. D'ailleurs on écrivait sur tout ce qui pouvait recevoir l'écriture : sur des tablettes enduites de cire; sur des tables de pierre avec un *ciseau* de sculpteur; sur des planches de bois, des bandes de toile ou des écorces d'arbre ; enfin sur des lames

de plomb, et alors on se servait d'un *stylet* en fer.
Tous ces renseignements sont tirés du *livre* de Job,
qui paraît être le plus ancien ouvrage que nous
ayons. Job était arrière-petit-fils d'Esaü et mourut
vers l'an 1865, âgé de 210 ans. On pense que c'est
Moïse qui a traduit son livre en hébreu. Cet ouvrage, qui contient l'histoire de ses malheurs et de
sa patience, ainsi que les discours qu'il eut avec
ses trois amis, renferme une foule de particularités
touchant l'état des sciences, des arts et de l'industrie
à cette époque. Une autre remarque fort intéressante à faire sur le livre de Job, c'est qu'il a été
écrit en *vers*, c'est-à-dire en phrases mesurées et ca-
dencées. Cette manière d'écrire a été la première
usitée, et s'est perpétuée bien longtemps encore dans
certains pays, comme nous le verrons plus loin.

2005. INDUSTRIE. — Depuis près de trois mille ans
que le monde existe, nous avons déjà signalé une
foule d'inventions et de découvertes. Mais il en est
beaucoup d'autres qui avaient déjà été faites à
cette époque, et dont la date ne nous est point connue, même approximativement. Le livre de Job,
auquel nous avons déjà demandé tant de précieux
renseignements, nous permet de grouper ici beaucoup d'autres faits du même genre. Les arts industriels surtout étaient déjà bien avancés. Ainsi

nous trouvons la mention expresse de l'*exploitation* et de l'*affinage* des métaux suivants : l'*or*, l'*argent*, le *fer*, le *cuivre*, le *plomb* et l'*airain*; l'usage du *marteau*, de l'*enclume*, du *ciseau*; la construction des *pressoirs* pour faire le vin, la fabrication des *gonds* de porte, des *chaînes* de fer, des *balances* à peser, des *boucliers*, des *cuirasses*, des *lances*, des *épées*, des *couteaux* et autres lames, des *hameçons*, des *dards* ou *javelots*, des *flèches*, des *trompettes*, de la *poterie*, de la *toile*, etc., etc. Il n'est pas jusqu'aux articles de luxe qui ne commençassent à paraître ; tels étaient sans doute les *diadèmes* des rois, les *ceintures* des princesses, les préparations d'*antimoine* ou *fard blanc*, le travail du *verre*, de la *topaze*, de la *sardoine* et de quelques autres *pierres précieuses*, l'emploi dans la teinture des *couleurs* fines des Indes, etc. Combien d'autres objets qui ne sont pas nommés ici, mais dont les précédents supposent également l'existence !

1996 ? BIÈRE. — Cette boisson, différente de notre bière actuelle, fut inventée, dit-on, par Siphoas, dont on fait un roi de Thèbes, en Égypte. On croit que c'est le même qu'Hermès Trismégiste, personnage semi-fabuleux, auquel les Égyptiens ont rapporté l'invention de la plupart des arts et des ciences

1950? Pyramides. — Ces monuments fameux, l'orgueil des anciens Pharaons, paraissent avoir été construits dans le xxᵉ siècle; peut-être que les Hébreux, qui étaient alors les esclaves des Égyptiens, n'y sont pas tout à fait étrangers. La principale pyramide porte le nom de *Chéops*, et n'a pas moins de 146 mètres de haut; c'est le monument le plus élevé qu'il y ait dans le monde. La deuxième, dite de *Chéphren*, a 130 mètres; la troisième, celle de *Mycérinus*, n'en a que 54; les suivantes sont encore moins considérables.

1855 ? Lettres alphabétiques. — [Nous avons prouvé que l'écriture était connue depuis plusieurs siècles, mais elle ne consistait qu'en *signes hieroglyphiques*, tels que ceux que l'on voit sur les monuments égyptiens, tels encore que les caractères chinois. Quant aux *lettres alphabétiques*, avec lesquelles on forme des syllabes et des mots, les uns prétendent qu'elles sont dues aux Phéniciens de la ville de Sidon, qui les auraient mises en usage vers l'an 1855; d'autres les attribuent à un Égyptien, nommé Memnon, qu'ils disent avoir vécu vers l'an 1822. La première opinion est de beaucoup la plus probable.

1800? Peinture. — Les premières traces de *peinture* ont été remarquées dans quelques monuments de l'ancienne Égypte, et le plus souvent sur les murs des palais et des tombeaux. On pense pouvoir faire remonter ces grossiers essais jusqu'au xviii° siècle; c'est peut-être beaucoup, car nous n'en trouvons aucune mention ni dans Job, ni dans les livres de Moïse; il y est souvent question de sculptures, de broderies, d'images, mais jamais de dessin ni de peinture.

1770? FLUTE DE PAN. — Les Grecs n'ont jamais manqué d'attribuer les arts primitifs à quelque divinité, ou aux hommes qui y ont excellé les premiers. C'est sans doute pour cela qu'ils disent que ce fut Pan, fils de Mercure, qui inventa la *flûte à plusieurs tuyaux*, autretrement dite le *sifflet des chaudronniers*. Pan était le dieu des bergers, des chasseurs et des pêcheurs. Nous savons pourtant que, selon toutes les apparences, cet instrument existait dès avant le déluge; d'ailleurs Job parle deux fois de l'*organum*, qui pouvait bien être la même chose.

1766. TANNERIE. — Depuis plusieurs siècles on se servait des peaux d'animaux, mais peut-être n'avait-on pas encore trouvé le moyen de les dépouiller de leur poil, et de les convertir en un *cuir* à la fois souple et tenace. Les Chinois attribuent cette utile invention à Tching-Tang, fondateur de leur deuxième dynastie.

1762. Forges, etc. — Prométhée, père de Deucalion et l'un des civilisateurs de la Scythie et de la Grèce, passait dans ce dernier pays pour avoir trouvé l'art de *tirer le feu du caillou*, ce que l'on appelle vulgairement *battre le briquet*. On dit encore que, exilé dans le Caucase par Jupiter, il y établit des *forges*, qu'il fut le premier à façonner des *statues* en argile, qu'il enseigna aux hommes les vertus des *plantes*, et qu'enfin il leur apprit à dompter les *chevaux*. Tous ces faits, la plupart tirés des poètes de l'antiquité, sont ou de pures fictions ou des assertions sans preuves.

1750. Poterie. — Les auteurs qui ont fait à Prométhée une si large part d'inventions et de découvertes, disent qu'Epiméthée, son frère, enseigna aux Grecs l'art de fabriquer des *vases en terre*. Cette industrie, nous l'avons vu, est certainement beaucoup plus ancienne en Arabie, en Égypte et dans l'Asie.

1750. Jardinage. — Hespérus, frère des deux personnages précédents, a eu aussi ses attributions; il avait, dit-on, connu le premier les règles du *jardinage*. Cependant, si nous nous rappelons que le Paradis terrestre n'était qu'un vaste jardin, et que Moïse parle plusieurs fois de jardins dans ses livres, nous serons moins faciles à admettre cette opinion.

1750. Canaux. — On s'accorde généralement à attribuer aux Égyptiens l'usage des *canaux d'irrigation ;* ils les dérivaient du Nil pour en porter partout les eaux fertilisantes ; on dit même que ce fut le grand Sésostris qui en eut la première idée. Quant aux *canaux navigables,* qui ont aussi commencé en Égypte, on n'en connaît pas la date ; peut-être que le plus ancien est celui que le roi Néchao voulut creuser en 617 pour unir le Nil à la mer Rouge ; ce travail ne fut terminé que quatre siècles après par les Ptolémées.

1722. Colonnes triomphales. — Sésostris le Grand, qui régna sur la Basse-Égypte de 1770 à 1711, selon les uns, ou de 1643 à 1595, selon les autres, fit élever, dit-on, dans tous les pays qu'il parcourut en vainqueur, des *colonnes* qui perpétuassent le souvenir de ses conquêtes ; ce serait là l'origine des colonnes triomphales. Mais gardons-nous d'accorder à ces fabuleuses traditions plus de confiance qu'elles n'en méritent.

1700 ? Bibliothèque, Archives. — Dès que l'usage des livres a commencé à se répandre, on en a sans doute formé des collections ; mais il est faux que la première *bibliothèque* ait été établie à Thèbes par le roi Osymandias, qui fit écrire sur la porte : Trésor des remèdes de l'ame. Ce prince n'a jamais existé. Il serait plus vrai de dire que la plus ancienne collec-

tion d'*archives* et de *livres* fut celle qui fit donner
à une ville de Chanaan le nom de *Cariath-Sépher*,
c'est-à-dire la ville des livres ou des lettres ; elle
portait ce nom longtemps avant Josué, qui la prit
en 1605.

1700-1645. Industries diverses. — Les livres de
Moïse, écrits peu après l'an 1645, nous font connaître un très-grand nombre d'industries qui parais-
saient déjà florissantes, et, par conséquent, devaient
être anciennes. Comme les Hébreux les ont mises en
pratique immédiatement après leur sortie de l'É-
gypte, c'était sans doute dans ce dernier pays qu'elles
avaient acquis cette perfection. Nous allons les réunir
ici sous différents titres.

1° Nous avons déjà parlé des *meules* pour réduire
le blé en farine. Les Grecs en attribuaient l'introduction chez eux à Mylès, troisième roi de Sparte, qui
régna de 1680 à 1631. Chez les Égyptiens, où elles
étaient beaucoup plus anciennes, il paraît que c'était
ordinairement aux esclaves qu'était confié le soin de
les mettre en mouvement. La même chose s'obser-
vait encore sous Samson, en 1152, et même au
temps de Notre Seigneur ; cependant on commen-
çait déjà à employer les ânes pour ce dur métier.

2° On se servait depuis longtemps de *levain* pour
le pain ordinaire ; on faisait aussi beaucoup de *bei-*

gnets, de *gâteaux* à l'huile et d'autres *pâtisseries.* L'usage du *vinaigre* était très-répandu ; le *vin* était une boisson fort commune ; on connaissait même le *cidre,* si l'on en croit certains commentateurs, qui traduisent ainsi le mot hébreu *sechar,* qui signifie plutôt une boisson enivrante.

3. Aux *ustensiles de ménage* et aux autres objets usuels que nous avons déjà eu occasion de mentionner, nous pouvons ajouter les suivants : les *chandeliers,* ou plutôt les *lampes* à huile, les *grils,* les *pincettes,* les *poêles à frire,* les *clous,* les *tenailles,* les *haches,* les *faux,* les *rasoirs,* les *ciseaux,* les *miroirs* en métal poli, les *boucles,* les *alènes,* les *socs* de charrue, les *encensoirs,* les *vases* de toute forme en bois, en pierre, en métal. Ces différents articles supposent évidemment l'existence de beaucoup de métiers, tels que les *chaudronniers,* les *fondeurs,* les *quincailliers,* les *taillandiers,* les *couteliers,* les *tourneurs,* etc.

4° L'art de travailler les métaux avait surtout fait des progrès remarquables ; l'or, l'argent, l'airain, le fer, le cuivre, le plomb et l'étain étaient *fondus, laminés, ouvragés* avec beaucoup d'habileté. On savait de même *tailler les pierres, polir le marbre,* enchâsser et même *graver les pierres fines.*

5° Moïse fit faire de petites *sonnettes.* Bien qu'il

ne parle pas de *cloches* d'une certaine dimension,
il est à peu près certain qu'on en a fondu de considérables dès avant Jésus-Christ. Nous en avons la
preuve, d'abord dans les traditions chinoises, qui
attribuent les grosses *cloches* à l'empereur Hoang-
Ti, vers 2698; ensuite dans les citations que l'on
trouve chez les auteurs anciens, comme, par exemple, la petite historiette suivante, racontée par le
géographe Strabon : Un certain musicien chantait
devant les habitants de l'île d'Issus (Archipel), lorsque, tout à coup, on vint à sonner une cloche
pour annoncer l'ouverture du marché au poisson.
Aussitôt tout le monde y courut, excepté un sour-
daud, qui écoutait tant qu'il pouvait. Le chanteur,
indigné du mauvais goût du peuple, fit compliment
au seul auditeur qui lui fût resté. Il lui dit qu'il le
félicitait d'être demeuré seul pour l'entendre, tandis que les autres avaient préféré courir au marché
au poisson. La cloche a donc sonné? répondit le
bonhomme, et aussitôt, tournant le dos au musicien, il alla rejoindre les autres.

6° On n'était pas moins avancé dans l'art de *tisser*, de *broder* et de *teindre* les étoffes de *laine*, de
lin et de *byssus*. Les *couleurs* les plus précieuses
étaient le violet, l'*hyacinthe*, l'*écarlate* ou cramoisi
et la *pourpre*. L'Écriture parle de ces deux dernières

de manière à ne laisser aucun doute sur leur usage et leur antiquité.

7° Moïse fit préparer plusieurs sortes de *parfums*, selon la recette des plus habiles *parfumeurs*, est-il dit dans l'Exode, chap. XXX, verset 35.

8° Enfin le Deutéronome, en parlant de la manière de conduire le siége d'une place, mentionne des *machines* en bois propres à attaquer et à renverser les murs; c'est sans contredit la plus ancienne citation de ce genre qu'il y ait dans toute l'histoire.

La plus grande partie des travaux d'art que nous venons d'énumérer furent exécutés en 1645, par des Israélites que Dieu avait remplis de sagesse et d'intelligence. A leur tête étaient Béséléel, neveu de Moïse, et Ooliab, de la tribu de Dan; c'étaient deux artistes dans la force du mot.

Nous terminerons ici ce que nous avions à dire sur la deuxième période. Presque tous les articles qui la composent sont tirés des auteurs sacrés, notamment de Job et de Moïse; c'est à peine si l'histoire profane a fourni quelques renseignements, encore étaient-ils, la plupart du temps, ou fabuleux ou contradictoires.

TROISIÈME PÉRIODE.

Depuis Moïse jusqu'à la fondation de Marseille.

(1645 à 600 avant Jésus-Christ)

La période que nous allons parcourir ne sera pas moins intéressante que les précédentes ; elle aura même un degré d'intérêt de plus, car nous parvenons à une époque où la plupart des nations viendront s'asseoir au banquet de la civilisation antique : Phéniciens, Grecs, Assyriens, Étrusques, Romains, partageront désormais une gloire dont avaient joui presque exclusivement jusqu'ici les Hébreux, les Égyptiens et les Chinois.

1643. Semailles, etc. — On prétend que l'égyptien Cécrops, qui vint en Grèce en 1643, et qui jeta les fondements d'Athènes, apprit aux habitants l'art de *cultiver la terre* et d'y semer de *l'orge ;* il paraît que ces peuples étaient tellement sauvages auparavant, qu'ils allaient jusqu'à se nourrir de gland !

1643. Oliviers. — Ce même prince étranger transplanta de l'Égypte en Grèce les premiers *oliviers* qu'on ait vus en Europe ; il apprit aussi aux habitants le moyen d'en extraire l'*huile*.

1640. VERRE. — Pline raconte ainsi la découverte du *verre* : Des marchands de *nitre*, qui traversaient la Phénicie, s'étaient arrêtés, pour préparer leurs aliments, sur les bords du petit fleuve Bélus, tributaire de la Méditerranée. A défaut de pierres, ils prirent des morceaux de nitre pour soutenir leur marmite sur le feu ; mais cette substance se fondit, se mêla avec le sable du rivage, et forma une masse transparente, qui donna la première idée du verre. Voilà ce que dit le naturaliste de Côme. Cette fabuleuse narration ne saurait soutenir l'examen, pour peu qu'on y applique les lois ordinaires de la chimie. D'ailleurs Job parle du verre près de quatre siècles avant la date qu'on assigne à l'événement précédent : *Ni l'or, ni le verre*, dit-il, *n'égalent en valeur la sagesse.* Moïse semble aussi désigner le verre quand il parle *des trésors cachés dans le sable.* (Deutéronome, XXXIII, 19.)

1605. CHARIOTS DE GUERRE. — Les *chariots armés de faux* pour la guerre ont joué un grand rôle dans l'art militaire des Anciens. On ne sait pas au juste à qui en attribuer l'invention ; les Chananéens sont les premiers que l'on sache en avoir fait usage, et cela dans les guerres qu'ils eurent à soutenir contre Josué.

1600 ? Eau dans le vin. — On dit que ce fut Amphictyon, fils de Deucalion et roi d'Athènes, qui eut l'idée de mettre de l'*eau dans son vin* avant de le boire. Cette singulière remarque de tempérance nous a été conservée par Athénée et par Pline, mais ce dernier en donne la gloire à Staphylus, fils de Silène, qui, comme on le sait, est une divinité des ivrognes.

.1600? Commerce, Colonies. — Les Phéniciens, nous l'avons déjà dit, passaient chez les Anciens pour avoir été les premiers commerçants. Ils parcoururent surtout la Méditerranée, l'Atlantique et leurs côtes, et y fondèrent un grand nombre de *colonies*. La plus ancienne de toutes paraît être celle de Cittium, dans l'île de Chypre. Quand ils ne s'établissaient pas définitivement dans un pays, ils y fondaient tout au moins un *comptoir* ou *factorerie*, pour servir d'entrepôt à leurs marchandises et à celles des peuples voisins. Les Grecs les imitèrent dans leurs colonies, quoique le but en fût un peu différent ; c'est ainsi que vers 1210 les Éoliens émigrèrent dans l'Asie-Mineure, et qu'en 830 les habitants de Chalcis allèrent s'établir dans l'Italie méridionale, où ils bâtirent la ville de Cumes.

1580. Alphabet. — C'est un fait généralement

admis que Cadmus, fils d'Agénor, roi de Phénicie,
bâtit la ville de Thèbes, en Béotie, et qu'il importa
en Grèce *l'alphabet* phénicien, qui n'était encore
composé que de seize *lettres*, savoir : *a, b, d, e, g,
i, k, l, m, n, o, p, r, s, t, u*. Elles se retrouvent
toutes dans l'alphabet latin et dans le nôtre ; ce
n'est que beaucoup plus tard que le nombre en sera
porté à vingt-quatre.

1580. LAITON. — Les Grecs attribuaient au même
Cadmus la *fonte des métaux*, qui est pourtant beaucoup plus ancienne, du moins dans les autres pays.
Il paraît qu'on lui doit la découverte du *laiton* ou
cuivre jaune, qui est un alliage de cuivre rouge et
de calamine ou oxyde d'étain.

1580 ? POURPRE. — Nous savons que cette fameuse teinture, que les Anciens estimaient à l'égal
de l'or, était connue dès le temps de Moïse, mais non
dans le temps de Job, qui n'aurait pas manqué d'en
parler. Malgré cette antiquité, les historiens profanes
placent la découverte de la pourpre sous Phœnix,
frère de Cadmus et roi de Tyr. Ils ont même brodé
là-dessus un joli conte : Un chien de berger, pressé
par la faim, brisa un coquillage qu'il avait rencontré
sur le bord de la mer Méditerranée; le sang qui en
sortit lui teignit la gueule couleur de pourpre, ce
qui donna l'idée d'employer cette découverte à la

teinture des étoffes précieuses. C'étaient les Tyriens qui excellaient dans la préparation de cette teinture, dont le secret est perdu aujourd'hui.

1570? QUADRIGES. — On appelait ainsi les chars attelés de quatre chevaux ; nous en avons déjà parlé sous l'an 2200. Les *quadriges* ne furent admis à courir aux jeux olympiques qu'en 680.

1550? OBÉLISQUES. — Tout le monde convient que ce sont les Égyptiens qui ont élevé les premiers *obélisques*. Celui de Louxor, qui fut transporté à Paris en 1836, avait été taillé par ordre des rois Ramessès II et Ramessès III, comme M. Champollion l'a lu dans les hiéroglyphes qui couvrent ce monument. Il a 22 mètres et demi de haut, et se compose d'un seul bloc.

1550? COSMÉTIQUES. — On appelle *cosmétiques* toutes les préparations qu'emploie la vanité pour conserver la fraîcheur ou déguiser les imperfections du visage. Il était déjà question de l'*antimoine* ou *fard blanc* dès le temps de Job. Selon leur usage, les mythologues en mettent l'invention sur le compte des dieux, car ils disent qu'Angélo, fille de Jupiter et de Junon, en déroba le secret à sa mère, vers 1522.

1506. FLUTE. — Si l'on en croit la chronologie des Marbres de Paros, monument dont nous parlerons sous l'an 263, la *flûte* fut inventée à Célènes, en Phrygie, par Hyagnis, père de Marsyas. Ce dernier devint si habile à en jouer qu'il osa, dit-on, défier Apollon lui-même ; mais celui-ci le fit écorcher tout vif. Cette histoire est loin d'être certaine. Le Dictionnaire de Trévoux contient une longue dissertation sur toutes les *flûtes* anciennes et modernes, et fait voir qu'il est peu d'instruments qui n'aient porté ce nom. Nous ne pouvons résister au plaisir de consigner ici une note sur le rôle de la flûte dans l'éloquence des Anciens : à Rome comme à Athènes, au barreau comme au théâtre, un orateur, un avocat, un déclamateur, étaient très-souvent accompagnés d'un joueur de flûte, chargé de leur donner ou de leur renouveler le ton qu'ils devaient prendre dans le débit. Notre langue ne supporterait pas ce genre de *souffleurs*, mais le grec et le latin, qui sont des idiomes prosodiques, ne s'y refusaient nullement.

1500 ? MONNAIE GRECQUE. — Hérodote prétend que ce furent les Lydiens qui, les premiers, *battirent monnaie*. Pline et plusieurs autres soutiennent que ce fut Érechthée, sixième roi d'Athènes, qui régna de 1525 à 1460. Strabon en fait honneur à Phidon, tyran d'Argos, dont nous parlerons sous l'an 895. Ce qu'il y a de sûr, c'est que Lycurgue établit la *monnaie* de Sparte en 884; elle ne consistait qu'en un fer grossier et si pesant, qu'il fallait une charrette attelée de deux bœufs pour porter une somme d'environ 500 francs, et une chambre entière pour la contenir. D'après les articles que nous avons déjà donnés précédemment, on voit combien sont erronées les dates contenues dans celui-ci.

1500. DÉS A JOUER. — Hérodote rapporte encore que les Lydiens, pour faire diversion et amuser leur estomac pendant une famine qui dura longtemps, inventèrent le *jeu de dés*, sous le règne d'Atys, leur second roi. Mais Sophocle, Pausanias et d'autres écrivains grecs l'attribuent à Palamède, prince de l'île d'Eubée et l'un des héros de la guerre de Troie, vers 1280. Ce jeu est donc un des plus anciens de tous ceux qui existent. Nous mettons ici le *jeu de l'oie* qui est invariablement dit renouvelé des Grecs; rien n'est moins prouvé que cette prétention, qui ne paraît fondée que sur ce qu'il se joue avec des dés.

1500? CLEFS ET SERRURES. — Nous ne savons pas au juste en quoi consistaient les *serrures* et les *clefs* de cette époque, mais nous savons qu'elles existaient, au moins dans le pays de Chanaan et la Judée, puisqu'en 1496 il est parlé de celles qui fermaient les appartements d'Églon, roi de Moab, qui fut tué par Aod, deuxième juge d'Israël.

1480. FROMAGE. — Selon les auteurs païens, l'art de faire les *fromages* était dû à Aristée, berger libyen, qui devint plus tard roi d'Arcadie. Ils lui attribuent de même d'avoir le premier formé des *ruches* et élevé des *abeilles*. Tout cela n'est vrai que pour quelques contrées particulières. (*Voyez l'an 2200 et l'an 2199.*)

1450? NOEUD GORDIEN. — On appelle ainsi un nœud si artistement fait qu'on n'aperçoit pas les bouts de la corde. Il tire son nom du laboureur Gordius, qui devint roi de Phrygie, et qui avait ainsi attaché le joug de son char. Un oracle promettait le royaume à quiconque pourrait le dénouer ; en 333, Alexandre le Grand le coupa avec son épée et prétendit avoir ainsi accompli l'oracle. A part ce dernier fait, tout le reste a été tiré de la fable ou des poètes anciens.

1432. FER. — Nous mentionnons ici la découverte du *fer* d'après les Marbres de Paros, qui disent que les forêts du mont Ida, dans l'île de Crète, ayant pris feu, le minerai fut fondu, et qu'ainsi se révéla le moyen d'extraire et d'utiliser le fer. Tout cela ne peut être vrai que pour la Grèce, car le fer était beaucoup plus anciennement connu. (*Voyez 4200, 2005, etc.*)

1400? CONSTELLATIONS. — On dit que dès cette

époque reculée les Grecs avaient commencé à donner des noms aux groupes d'étoiles qui peuplent le firmament. Cette assertion ne s'accorde guère avec l'état de barbarie et d'ignorance où ils étaient encore plongés. D'ailleurs Job avait déjà cité les noms de plusieurs *constellations*, sans doute d'après les Chaldéens, qui ont toujours passé pour des observateurs du ciel très-assidus et très-habiles.

1375? CITHARE, LYRE A TROIS CORDES. — Les auteurs mythologiques ont attribué l'invention de la *lyre à trois cordes* à Amphion, roi de Thèbes, en Béotie. Ils disent que, par les doux sons de son instrument, les pierres émues se plaçaient d'elles-mêmes les unes sur les autres pour construire les murs de cette ville; c'est là une figure de rhétorique un peu trop hardie pour qu'on puisse la passer, même à un poète.

1350? GALÈRES. — Les *navires* de commerce et de transport existaient depuis environ mille ans, lorsque fut construit l'*Argo*, que l'on regarde comme la première *galère* ou le premier *vaisseau de guerre* connu. Il fut exécuté à Argos, en Grèce, par un architecte nommé Argus, et il servit à Jason et à ses compagnons pour faire la conquête de la toison d'or, c'est-à-dire pour aller chercher de l'or dans la

Colchide, qui est aujourd'hui une partie des pays du Caucase.

1350 ? ENGRAIS.—C'est un fait curieux que la plupart des découvertes utiles soient dues, ou plutôt soient attribuées par les Anciens a des rois ou à des princes. Picumnus, roi des Rutules, passe pour avoir trouvé l'usage de *fumer les terres*, tandis que son frère Pilumnus aurait inventé l'art de *moudre le blé*. Ces faits peuvent être vrais pour les Rutules, petit peuple de l'Italie, mais ils étaient connus depuis bien des siècles dans l'Orient.

1350 ? RHYTHME ET MÉLODIE. — C'est à Linus, poète et musicien de Thèbes, en Béotie, que sont dus le *rhythme* et la *mélodie*, au moins quant à la musique des Grecs. Dès le temps de Moïse, et même auparavant, on chantait déjà en *chœur*, et l'on cultivait la *musique* avec une certaine perfection chez le peuple de Dieu.

1330 ? CORDES A BOYAU.— Divers auteurs attribuent l'invention de l'*eptacorde* ou *lyre à sept cordes* à Orphée, fameux poète et musicien de la Thrace. On dit que c'est lui qui imagina de remplacer les fils de lin de son instrument par des cordes faites avec des boyaux d'animaux. Il est probable cependant que Linus, son maître, avait déjà essayé ce perfectionnement.

1322. Année de 365 jours. — Si l'on en croit quelques auteurs, Aseth ou Assis, le sixième roi pasteur de l'Égypte, forma l'année de 365 jours, et imagina le *cycle caniculaire*, composé de 1461 années, qui équivalaient parfaitement à 1460 années de 365 jours et un quart. Ce fait ne repose sur aucun document authentique; d'ailleurs il suppose des connaissances que les Égyptiens n'avaient probablement point encore acquises.

1320? Bride et Mors. — Ce furent, dit-on, les Thessaliens qui, les premiers, firent usage du *mors* et de la *bride* pour diriger les chevaux; certains auteurs nomment hardiment Bellérophon, fils d'un roi de Corinthe et monteur du fougueux Pégase, comme auteur de cet usage. Tout cela est complètement fabuleux.

1315? Labyrinthe, etc. — Un *labyrinthe* est un ensemble d'édifices, de bois et de jardins, disposés de telle sorte qu'il soit presque impossible d'en retrouver l'issue quand une fois on s'y est engagé. Le plus ancien est celui de Crète, élevé sur l'ordre du roi Minos II par Dédale, architecte d'Athènes. On attribue à ce fameux mécanicien une foule d'inventions, savoir : la *hache* ou *cognée*, la *tarière* ou *vilebrequin*, le *niveau*, la *doloire*, et enfin la *mâture* et la *voilure* des vaisseaux. Cependant la plupart de ces choses

étaient déjà connues en Orient, comme on a pu le
voir dans les pages précédentes.

1315? Scie, Compas, etc. — Talus ou Perdix, neveu
de Dédale et le compagnon de ses travaux, n'était
pas moins ingénieux que son oncle; il trouva le premier l'usage de la *scie*, dont l'idée lui vint après
avoir coupé un morceau de bois avec une mâchoire
de serpent. Il inventa également, dit-on, le *compas*,
et même le *tour* et la *roue du potier*. Son oncle le
tua par jalousie. Homère, qui vivait au x\ siècle,
nomme le *vilebrequin*, le *rabot*, la *hache* et le *niveau*; mais il ne paraît pas avoir connu la *scie*,
l'*équerre* et le *compas*, ce qui ferait douter en partie des faits que nous venons de citer.

1310? Médecine. — A l'époque où nous sommes,
les Grecs étaient encore bien peu versés dans l'art de
guérir. On fait vivre alors le fameux Esculape, d'É-
pidaure, en Argolide, qu'ils regardent comme le père
et le dieu de la médecine. Nous lui devons en particulier la *sonde* et le *bandage des plaies*, si les traditions sont vraies.

1300? Gants. — D'après les poëmes d'Homère,
Laërte, père d'Ulysse, portait des *gants*, ce qui ferait
remonter au moins à cette époque l'origine de ce
petit vêtement. Quoi qu'il en soit de l'antiquité des
gants, il est certain que les esclaves romains en por-

taient, surtout ceux qui étaient employés aux plus rudes travaux des villas ou fermes.

1300? ENCLUME, etc. — Cinyre, roi de l'île de Chypre, qui était à peu près contemporain de la guerre de Troie (1280-1270), fut regardé par les Grecs comme l'inventeur du *marteau*, de *l'enclume*, du *levier*, des *tenailles* et de l'art de faire des *tuiles*. La plupart des compilateurs modernes répètent tout cela sans la moindre hésitation, et pourtant presque tous ces articles existaient dès avant le déluge; il n'est même pas probable que les habitants de l'île de Chypre aient vécu jusque là sans les connaître.

1300? GRAVURE. — D'après la description qu'Homère a faite du bouclier d'Achille, roi de Larisse, et l'un des plus brillants héros de la guerre de Troie, la *gravure* ou plutôt la *ciselure sur métaux* devait avoir déjà acquis un certain degré de perfection.

1290? CACHET. — L'usage de *cacheter les lettres* était rare alors ; il vient, dit-on, des Lacédémoniens. La méthode la plus ordinaire consistait à lier les missives avec des nœuds particuliers, dont on ne partageait le secret qu'avec les personnes intéressées.

1280. NAVIRES. — La forme et la grandeur des navires n'avaient pas encore changé beaucoup depuis plus de mille ans qu'on en construisait. Ainsi ceux qui transportèrent les Grecs sous les murs de Troie n'avaient pas encore de *pont*. On fait remarquer que ceux des Béotiens, peuple civilisé par les Phéniciens, étaient les plus grands de tous ; ils portaient chacun 120 hommes. Les navires de Philoctète, roi de la Phthiotide, dans la Thessalie, n'en portaient que 50.

1280 ? ALPHABET GREC. — Jusqu'à cette époque, il paraît que l'on s'était contenté en Grèce des seize lettres apportées par Cadmus en 1580. Vers le temps de la guerre de Troie, Palamède, prince de l'île d'Eubée, ajouta à l'alphabet quatre lettres doubles, savoir : *x, th, ph, ch.*

1280 ? ÉCHECS. DÉS. — Les Grecs prétendaient que ce même Palamède avait inventé le jeu des *échecs.* Cette opinion a été en faveur chez les Anciens ; cependant il paraît plus probable que Palamède n'inventa que les *dés*, quoiqu'Hérodote les attribue aux Lydiens. (*Voyez l'an* 1500.) Les Romains avaient un jeu qu'ils appelaient *latrunculi*, et qui se rapprochait beaucoup des échecs. L'historien Vopiscus rapporte qu'en 280 Proculus fut proclamé empereur à Cologne pour avoir gagné dix parties de suite à ce jeu. Malgré toutes ces assertions, l'opinion vulgaire est toujours que les échecs ne furent inventés que vers 450 de Jésus-Christ par le philosophe indien Sassi.

1280? Gymnastique. — Cet art, si estimé et si bien pratiqué dans l'antiquité, existait déjà chez les Grecs, si l'on en juge par les détails que donne Homère, historien-poète de la guerre de Troie. Cependant, dit Galien, la *gymnastique médicale* n'a commencé que vers le temps de Platon, c'est-à-dire au ive siècle avant l'ère chrétienne.

1270? Signaux. — L'art de communiquer à de grandes distances par des signes de convention paraît être dû aux Grecs. Agamemnon, chef de la fameuse expédition contre Troie, transmit le jour même à Clytemnestre . sa femme, qui résidait à Argos, la nouvelle que la ville venait d'être prise.

1270. Saignée. — Le géographe Étienne de Byzance assure que la *saignée* était tout à fait inconnue dans la haute antiquité, et que ce fut Podalire, fils d'Esculape, qui s'en avisa le premier. Au retour de la guerre de Troie, il fut jeté par la tempête sur les côtes de Carie (Asie-Mineure), et conduit à Damétus, roi du pays. La fille de ce prince était malade, et Podalire la guérit en la saignant aux deux bras. Ce fait est regardé comme très-douteux.

1270? Bains chauds. — Parmi les détails qu'Homère nous a laissés dans l'Odyssée touchant Alcinoüs, roi des Phéaciens, dans l'île de Corcyre, l'une des Ioniennes, nous trouvons l'usage des *bains* *chauds.* Ils consistaient tout simplement alors à verser sur la tête et les épaules des seaux d'eau chaude. Les premiers établissements du nom de *bains publics* sont peut-être ceux de Samos, île de l'Archipel, dont il est parlé dans la fabuleuse vie d'Ésope, vers l'an 580.

1200? Ancre marine. — On ne sait pas qui a été l'inventeur de *l'ancre*, si utile à la navigation; tout fait présumer que les Phéniciens ont été les premiers à s'en servir. Quelques auteurs l'attribuent à Midas, roi fabuleux de la Phrygie. C'est le philosophe Anacharsis, né chez les Scythes, mais fixé à Athènes, qui inventa *l'ancre à deux pattes*, vers l'an 560; auparavant cet instrument ne consistait qu'en un morceau de bois, auquel on attachait du plomb. On rapporte même que les premiers Phéniciens qui pénétrèrent dans l'Ibérie ou Espagne, y recueillirent de si énormes quantités d'argent qu'ils en fabriquèrent jusqu'aux ancres de leurs navires.

1173. Comètes. — Nous trouvons dans quelques ouvrages sans autorité que la première *comète* fut observée cette année aux environs de la constellation des Pléiades. On ajoute que les Chaldéens étaient accoutumés à observer ces astres errants, mais qu'ils s'en faisaient une très-fausse idée. Il est probable que la plus ancienne comète dont l'apparition soit bien constatée historiquement, est celle de l'an 134 avant Jésus-Christ. Ce sont les Chinois, dit-on, qui ont été les premiers à étudier les éléments de ces astres chevelus ; on a ceux de la comète parue l'an 240 de l'ère chrétienne.

1172. TISSAGE. — L'art de *tisser*, comme nous l'avons déjà prouvé, remontait à la plus haute antiquité, mais l'histoire de Samson nous fournit plusieurs détails qui intéressent cette branche de l'industrie. On cultivait beaucoup alors le *lin* et le *chanvre* ; on en brisait la tige pour en détacher l'écorce et la réduire en *étoupes* ; on la filait au *fuseau*, mais non pas au *rouet*, qui est un instrument tout moderne ; enfin les *tisserands* ourdissaient la toile avec un *métier* à peu près semblable à celui dont on se sert encore aujourd'hui dans les campagnes.

1152. MONNAIE HÉBRAÏQUE. — Plusieurs fois déjà nous avons parlé de la *monnaie*, mais nous disions qu'elle ne consistait probablement qu'en petits lingots d'or ou d'argent, qu'on pesait chaque fois pour en constater la valeur. L'Écriture semble mentionner positivement des *pièces de monnaie* d'un titre uniforme, au temps du grand-prêtre Héli, avant-dernier juge d'Israël.

1122. MONNAIE CHINOISE. — C'est au règne de Wou-Wang, chef de la troisième dynastie, que se rapportent les plus anciennes pièces de monnaie chinoises, que l'on appelle *sapèques* en Europe. Elles sont rondes, de la grandeur d'un liard, et percées au milieu d'un trou carré, pour être enfilées en ligatures. Une sapèque ne vaut qu'un demi-centime.

1110? OBSERVATOIRE, etc. — Les Annales chinoises rapportent que Wou-Wang, dont nous venons de parler, étant mort en 1116, son fils se trouvait trop jeune pour lui succéder; alors la régence fut confiée à Tcheou-Koung, oncle de cet enfant. C'était un homme habile et instruit; il bâtit un *observatoire*, que l'on voit encore, dit-on, à Teng-foung, dans la province du Ho-nan. C'est là qu'il construisit un *gnomon* pour observer l'ombre du soleil; c'est là aussi qu'il enseigna à des étrangers l'usage de la *boussole*, dont il connaissait très-bien les propriétés.

1080. CUISINE, BOULANGERIE, etc. — Lorsque les Israélites voulurent avoir un roi comme les autres nations, Samuel chercha à les en détourner en leur détaillant les exigences de ce nouveau souverain. Il leur dit, entre autres choses, qu'il choisirait parmi leurs femmes et leurs filles des *parfumeuses*, des *cuisinières* et des *boulangères*. Cela prouve l'antiquité de ces professions, que la plupart des peuples de l'Occident n'ont connues que fort tard. — Parmi les instruments aratoires, le premier livre des Rois nomme le *hoyau* et la *serfouette*. Il parle aussi de *bouteilles* et de *fioles*, mais on doute que ces vases fussent de verre, comme ils le sont généralement aujourd'hui ; ils n'étaient peut-être qu'en terre.

1078. Soie. — L'empereur chinois Kang-Wang, monté sur le trône cette année même, choisit pour son premier ministre Tchao-Kong. Les historiens disent qu'il s'occupa, durant son ministère, des pays propres à nourrir le *ver-à-soie*, qu'il augmenta le nombre des *mûriers* et celui des *manufactures*, et qu'il indiqua les moyens d'accroître le commerce de la *soie*. Si ces détails sont vrais, ils prouvent le degré de prospérité où l'industrie séricicole était parvenue en Chine dès ce temps-là. Il est très-probable que c'est de ce pays que les Phéniciens tiraient les étoffes précieuses qu'ils colportaient au loin. A propos de la chute de Tyr, ruinée en 572, par Nabuchodonosor, le prophète Ézéchiel s'exprime ainsi : Les Tyriens ont exposé sur nos marchés des perles, de la pourpre, des toiles ouvragées, du byssus et de la *soie*.

1077. Confiserie, Parfumerie. — Les auteurs qui donnent des listes d'inventions et de découvertes, ne manquent jamais d'indiquer, sous l'année 1077, que les *confitures* et les *parfums* sont dus aux loniens. Nous ne savons où ils ont pris cela, mais à coup sûr ils se trompent. Que les Grecs de l'Ionie (Asie-Mineure) aient, les premiers, fait confire des fruits, cela pourrait encore être ; mais qu'ils aient inventé l'art de la parfumerie, la chose ne saurait se soutenir, d'après tout ce que nous en avons déjà dit. (*Voyez* 1700-1645, 1080, etc.)

1052. ARC-DE-TRIOMPHE. — L'Écriture dit que Saül se fit dresser un *arc* après la victoire qu'il avait remportée sur Agag, roi des Amalécites ; c'est le plus ancien que nous connaissions. Les Romains n'en curent que fort tard, et Pline dit qu'ils les tenaient des Grecs ; cependant rien ne prouve que ceux-ci en eussent connaissance, quoique leurs architectes aient généralement servi de maîtres aux autres.

1050. TAPIS. — Parmi les présents qu'Abigaïl, femme de Nabal, offrit à David pour l'apaiser, on voit figurer des *tapis* ; la Bible n'en dit pas la matière ni la forme ; sans doute ce n'était qu'une étoffe épaisse et chamarrée.

1048. GUERRE, MUSIQUE, etc. — Dans la description que le deuxième livre des Rois a faite des armes de Goliath, ce géant philistin de trois mètres qui défiait les Israélites, elle cite la *cuirasse* qui couvrait sa poitrine, le *bouclier* avec lequel le guerrier parait les coups, le *brassard* qui enveloppait ses bras, et

enfin le *cuissard* qui protégeait ses jambes. C'était
une *armure* complète. Lorsque David eut terrassé
ce colosse, les femmes israélites vinrent au-devant
de lui pour le féliciter de sa victoire ; elles chan-
taient sa bravoure et s'accompagnaient de divers
instruments, dont les noms hébreux ne sont pas faciles à interpréter. On croit qu'il y avait le *sistre*,
instrument que nous ne saurions décrire ici, les
cymbales, la *harpe*, la *lyre*, le *tympanon* ou tambour à une seule peau, et le *psaltérion* ; ce dernier
paraît être celui dont David jouait si excellem-
ment en présence de Saül.

1040. Cire. — David est le premier qui parle de la
cire, dans le psaume XXI et ailleurs ; il est probable cependant qu'on avait déjà trouvé le moyen de
séparer cette substance du miel.

1040. Ivoire. — Ce même prince parle aussi le
premier de l'*ivoire* (Ps. XLIV, 9) ; cela prouve l'antiquité des relations avec les Indes ou avec l'inté-
rieur de l'Afrique, qui sont les seuls pays où l'on
trouve des éléphants. L'*ébène*, autre produit des Indes, n'est probablement pas aussi ancien. C'est
dans le prophète Ézéchiel que nous en trouvons la
première mention. Pompée, après avoir vaincu Mithridate, roi du Pont, l'an 62, apporta à Rome les
premiers morceaux d'ébène qu'on y eût encore vus.

1000? ARCHITECTURE, PEINTURE. — Le plus fameux
édifice de l'antiquité dont nous ayons la description
est, sans contredit, le *temple* de Salomon. Hiram,
architecte et artiste tyrien, y exécuta les travaux
d'art les plus remarquables. Il est surtout fait mention des *peintures* dont il couvrit les murailles. C'est
ici la plus ancienne citation historique que nous
ayons de la peinture, et tout nous porte à croire
que cet art était réellement récent, du moins en Judée. En effet, l'auteur du troisième livre des Rois
(VI, 30) fait remarquer comme une chose extraordinaire que les figures semblaient se détacher et s'a-
vancer. — Les *chapiteaux* du temple étaient en
forme de lis, avec diverses sortes d'ornements, ce
qui semble prouver que les *ordres d'architecture*
généralement connus aujourd'hui n'avaient pas encore été inventés.

1000? INDUSTRIES DIVERSES. — Salomon dit au
livre des Proverbes (chap. XXVII, v. 22) : *Quand
vous pileriez l'imprudent dans un mortier, comme
on y écrase le grain avec un pilon, vous ne lui ôte-
riez pas son imprudence.* Cette particularité sur la
manière de faire la farine est fort remarquable. —
L'usage de faire *flotter les bois en radeaux* devait
être déjà ancien; Hiram, roi de Tyr, promet à Salomon d'envoyer ainsi par mer les cedres du Liban

jusqu'au port de Joppé, d'où ils seraient transportés à Jérusalem. Les poètes grecs disent que les *radeaux* furent les premiers moyens de navigation, et que ce fut sur la mer Rouge qu'on commença à s'en servir. Ce fait, qui pourrait remonter au XVIIIe siècle, n'est pas encore bien prouvé. — L'art du *tourneur*, que nous avons déjà mentionné plus haut, apparaît souvent dans la structure du temple de Salomon. Ce prince dit lui-même dans un de ses livres : *Ses mains sont comme si elles étaient d'or et qu'elles eussent été travaillées au tour.*

1000? Verre, Miroirs. — Le tome premier des Mémoires de l'Académie des Inscriptions et Belles-Lettres, rapportant l'origine du verre, ne la fait remonter qu'à l'an 1000, quoique d'autres la fixent à l'an 1640. (*Voyez cette date.*) Pline dit que Sidon était autrefois célèbre pour l'art de le fabriquer, et que c'étaient ses habitants qui avaient inventé le moyen d'en faire des *miroirs*. Du temps d'Auguste, ces *glaces* étaient quelquefois incrustées dans les murs des chambres comme aujourd'hui. Nous n'avons pas besoin de dire que l'*étamage* des miroirs ne ressemblait en rien à celui qui fut inventé au moyen-âge par les Vénitiens; les glaces romaines étaient simplement chargées par derrière d'une épaisse composition de couleur noire.

1000. Ambre. — Le *succin* ou *ambre jaune* est une substance un peu transparente, qui répand en brûlant une odeur parfumée ; elle ressemble assez par son aspect à la gomme arabique, mais elle ne se recueille que sur les bords de la mer Baltique, dans la Prusse. Les Anciens l'estimaient à l'égal de l'or. Comme Homère en a fait mention, cette précieuse production devait être déjà dans le commerce ; ce qui prouve que les Phéniciens entretenaient des relations avec les habitants de la Germanie, ou du moins avec les Gaulois, leurs voisins. C'est ainsi que d'un petit fait, insignifiant en apparence, on tire quelquefois des conséquences très-intéressantes.

998. Franc-Maçonnerie. — Les adeptes de cette secte équivoque n'ont rien négligé pour se donner une origine à la fois antique et vénérable. Ils font donc modestement remonter leur institution à l'architecte phénicien Hiram, qui, disent-ils, avait organisé en *loges* tous les ouvriers chargés de la construction du temple de Salomon. Ce petit conte, que certains auteurs ont eu la simplicité de prendre sous leur protection, en s'efforçant de le justifier, ne mérite pas même les honneurs de la réfutation. La Franc-Maçonnerie est de deux mille ans plus jeune, car c'est tout au plus si elle date du xi⁰ siècle de l'ère chrétienne.

990 ? Marine marchande. — Les premiers navires ne furent construits que pour le passage ou le transport des voyageurs. Bientôt les Phéniciens se créèrent une *marine marchande* et sillonnèrent en tout sens la Méditerranée et les mers voisines. Les Égyptiens les suivirent sans doute de près ; mais c'est à Salomon que les Hébreux doivent leurs premières *flottes*. Il en équipa de nombreuses et les envoya commercer au loin, et même jusque dans les Indes ; elles allaient surtout chercher l'or d'Ophir, pays que la plupart des savants croient avoir été la côte de Sofala, à l'est de l'Afrique ; c'est en effet une contrée très-riche en or.

950 ? Birèmes. — On donnait ce nom dans l'antiquité à un vaisseau qui avait deux rangs de rames. Les Grecs en attribuaient la construction à un certain Damaste, de la ville d'Erythrée, sur la côte de l'Ionie, vis-à-vis de l'île de Chio. On n'en sait pas davantage là-dessus.

950 ? Écriture. — Jusqu'ici les Grecs avaient écrit *de droite à gauche*, comme font encore les Hébreux et généralement les Orientaux, mais un poète athénien, nommé Pronapide, qui fut, dit-on, le maître d'Homère, leur apprit à écrire *de gauche à droite*, ainsi que nous le pratiquons nous-mêmes aujourd'hui. Cette méthode eut beaucoup de mal à prendre, et l'on trouve encore de vieilles inscriptions grecques, antérieures au viii° siècle avant Jésus-Christ, qui sont tracées en *boustrophédon*. On appelle ainsi une manière d'écrire qui consiste à commencer la première ligne à droite, la seconde à gauche, la troisième à droite, etc., absolument comme les sillons que trace la charrue.

916. LOIS MARITIMES. — Le plus ancien code de lois relatives à la navigation et au commerce sur mer, fut formé par les habitants de l'île de Rhodes, qui étaient des marins aussi habiles et aussi intrépides que les Phéniciens. Ce recueil de *lois maritimes* fut adopté par la plupart des peuples de l'antiquité.

900 ? ACIER. — Il est fort à présumer, dit un auteur, que la préparation de l'*acier* était connue dès le temps d'Homère, et qu'il en entrait dans les armes de ses héros. Dès l'an 400, Ctésias, de Cnide, dans la Grèce, et médecin d'Artaxercès-Mnémon, roi de Perse, connaissait l'acier de l'Inde, qui jouit encore aujourd'hui d'une grande réputation. Cependant Pline prétend que cette invention est due aux Espagnols; du moins était-ce de leur pays que les Romains tiraient le meilleur acier. La *cémentation* de ce métal est une découverte toute moderne.

895. MONNAIE GRECQUE. — A l'époque de la guerre

de Troie, c'est-à-dire vers 1280, les Grecs faisaient le commerce par échange ; il en était probablement encore de même au xᵉ siècle, du temps d'Homère. Ce ne serait donc que depuis, que l'usage de la *monnaie* a été introduit en Grèce, comme il existait déjà ailleurs. Les Marbres de Paros l'attribuent à Phidon, tyran d'Argos, mort vers 860 ; il fit frapper les premières *pièces* dans l'île d'Égine. Cette assertion contredit Hérodote, qui rapporte le monnayage aux Lydiens, vers l'an 1500, tandis que les Thessaliens en faisaient honneur à leur roi Ithomus, fils de Deucalion, vers 1600. On attribue également à Phidon l'usage des *balances* et celui des *poids et mesures 'grecs*. A propos de monnaie, voyez les articles que nous en avons déjà donnés, aux années 2500, 2267, 1500, etc.

850 ? Dessin. — L'origine du *dessin* remonte certainement bien au-delà du ixᵉ siècle. Pline prétend que la première idée du tracé linéaire est due à un égyptien du nom de Philoclès, dont il n'indique point l'époque. Les contours furent plus tard remplis par des *hachures*, perfectionnement que l'on doit à Téléphanes, artiste de Sicyone, en Grèce, ou bien à Ardice de Corinthe ; on ne dit pas non plus quand ils vivaient ; c'était peut-être au milieu du ixᵉ siècle avant Jésus-Christ.

840. Peinture monochrome. — Voici la première date un peu certaine que l'on ait sur la peinture, encore nous pensons que cela n'est vrai que pour la Grèce. La *peinture monochrome* est celle qui n'emploie qu'une seule couleur, comme sont nos *camaïeux*. Pline attribue positivement cet art, ainsi que la manière d'imiter la *carnation*, à Cléophante, peintre corinthien.

809. Plastique. — On appelle ainsi l'art de modeler en plâtre, en terre, en cire, etc. Voici comment les Grecs en racontent la singulière origine : Une jeune personne, fille d'un potier de Sicyone, eut l'idée de fixer sur un mur le profil d'une tête que la lumière d'une lampe y avait projetée; pour cela elle en suivit les contours avec une pointe et obtint ainsi une *silhouette* exacte. Son père, nommé Dibutades, s'avisa à son tour d'appliquer de l'argile sur ce dessin, en forma le profil en relief et le fit ensuite cuire dans son fourneau. Pline ajoute que Lysistrate, natif de la même ville, et frère du fameux sculpteur Lysippe, fut le premier qui excella à modeler ainsi la cire. Cet artiste florissait vers l'an 350.

800? Ordre dorique. — Tout le monde sait que l'architecture admet cinq ordres ou genres principaux : le *dorique*, l'*ionique*, le *corinthien*, le *toscan* et le *composite*. On n'a rien de bien certain sur l'origine de chacun de ces ordres, quoiqu'ils portent presque tous le nom du pays où ils ont commencé. Cependant Vitruve, le père de l'architecture romaine, fait sur l'*ordre dorique* un conte que nous ne pouvons rapporter ici (1).

800 ? TAPIS. — Il paraît que les Babyloniens excellaient dans l'art de fabriquer les *tapis de pied* et les *tapis de table;* un seul de ces derniers, sorti de leurs mains, revenait, selon Pline, à plus de 14,000 fr. Nous ignorons et les matières qu'ils employaient et les procédés dont ils usaient dans leur confection.

800 ? INDUSTRIES DIVERSES. — Le prophète Isaïe, qui vécut durant le viii⁰ siècle, parle dans son livre de plusieurs articles que nous n'avons pas encore eu occasion de citer, quoiqu'ils existassent peut-être depuis bien des siècles. C'est le plus ancien auteur qui mentionne les *litières*, que l'on appelle aussi *palanquins* ou *chaises à porteurs;* on croit qu'elles ont été inventées par les Babyloniens, si fameux par leur mollesse. C'est donc à tort que Cicéron les at-

____

(1) Dorus, roi d'Achaïe et de tout le Péloponèse, avait jadis fait bâtir un temple à Junon, dans l'ancienne ville d'Argos; on dit que le goût dans lequel il fut bâti était le même que celui qu'on nomme le *dorique*, et qu'il fut ensuite imité dans plusieurs autres temples que l'on éleva par la suite dans différentes villes de l'Achaïe, etc.

tribue à un roi de Bithynie qu'il ne nomme pas ; peut-être a-t-il voulu dire que ce prince les avait fait connaître aux Romains. — Isaïe parle des *miroirs ;* on sait que ceux des Anciens étaient en métal poli ; c'était, selon Pline, un mélange d'airain et d'étain. Les plus renommés se fabriquaient de son temps à Brindes, dans le midi de l'Italie. Nous avons vu qu'il y en avait déjà en airain dès le temps de Moïse. Il paraît que sous Auguste les Romains commençaient aussi à en avoir en verre. — Il est certain que l'usage des *aiguilles* remonte à la plus haute antiquité ; ce n'est pourtant que dans Isaïe que nous en trouvons la première mention. Nous n'en connaissons pas la forme ni la composition, mais elles n'avaient certainement ni la finesse ni la perfection des nôtres, qui ne datent que de 1540. — Quant aux *épingles*, quoiqu'elles ne soient nommées nulle part dans l'Écriture, tout prouve qu'elles devaient être encore plus anciennes que les aiguilles. Les Romains en avaient ; on en a trouvé beaucoup dans les ruines d'Herculanum et de Pompéi. — Ce prophète fait une mention positive du *rabot* ou de la *varlope*, outil si utile aux menuisiers, et qu'Homère a connu ; il le place dans les mains du sculpteur qui prépare le morceau de bois dont il doit faire une statue. Il lui donne aussi la *règle*, le *compas* et l'*équerre*. Plus

loin, parlant du forgeron, il dit qu'il travaille à la
lime et au *marteau*. Toutes ces indications, si positives, si expresses, sont bien précieuses pour donner
une idée de l'industrie à cette époque. — Enfin,
nous trouvons encore dans Isaïe qu'il y avait de son
temps, non loin de Jérusalem, au bout du canal de
la piscine supérieure, un champ qui s'appelait le
Champ du Foulon ; cela nous révèle une industrie
qui devait être déjà fort ancienne, celle de *fouler
les étoffes.*

786. TRIRÈMES. — Les *trirèmes* étaient des ga-
lères à trois rangs de rameurs. Si nous en croyons
Hérodote, la première de ce genre fut construite par
Aminocle de Corinthe, en 786, selon les uns, en 704,
selon les autres. Aminocle enseigna son métier aux
Grecs de Samos, voisins de la côte de l'Ionie, en
Asie-Mineure.

780? BALISTE, CATAPULTE. — La première de ces
deux machines servait à lancer des pierres contre
les murs d'une place assiégée ou contre une armée
entière ; l'autre projetait au loin des dards énormes
ou des javelots longs de 4 à 5 mètres. L'auteur
de ces redoutables inventions n'est pas connu. On
les attribue aux Syriens, mais c'est évidemment
à tort qu'on en fixe la date à l'an 400, puisque
Ozias ou Azarias, roi de Juda, en établit dans les

tours dont il avait fortifié Jérusalem vers l'an 780;
peut-être même est-ce lui qui en a eu la première
idée, à moins que l'on n'aime mieux remonter
jusqu'à l'an 1645. (*Voyez page* 42.) Nabuchodonosor II employa le *catapulte* au siége de Tyr, qu'il
poursuivit durant treize ans, de 585 à 572.

776. ÉCLIPSE DE SOLEIL. — Voici la plus ancienne
éclipse de soleil qui soit connue historiquement, et
dont la vérité ait été constatée par les calculs astronomiques postérieurs. Elle eut lieu le 6 septembre,
et c'est le fameux Confucius, philosophe chinois,
qui la mentionne dans ses ouvrages. Il est à remarquer que cette éclipse coïncide avec l'origine des
olympiades, dont l'ère commença le 19 juillet 776.
On sait qu'une olympiade est un espace de quatre
ans. C'est Timée, de Tauromanie, en Sicile, qui a
introduit l'usage de compter par *olympiades,* et
cela vers l'an 280.

765. QUADRIRÈMES. — Les Anciens donnaient ce
nom aux galères ou navires à quatre rangs de rames
ou de rameurs. On n'en connaît pas bien la description, mais Pline en attribue la première idée
aux Carthaginois, peuple éminemment navigateur
et commerçant. Cependant nous ferons remarquer
que la date qu'on assigne à cette invention est peut-
être trop reculée, puisqu'il n'y avait pas encore un

siècle que Carthage avait été fondée par Didon, princesse phénicienne.

750. Légion. — Romulus, le fondateur de Rome, fut l'instituteur de la légion, espèce de régiment qui se composait, dans l'origine, de trois mille hommes d'infanterie et de trois cents cavaliers. Plus tard, ce corps de troupes fut augmenté ; sous les empereurs, il était régulièrement de six mille hommes, et se divisait en dix *cohortes*, la cohorte en trois *manipules*, et le manipule en deux *centuries*. A cet effectif de six mille hommes d'*infanterie* était toujours joint un corps de *cavalerie* de 700 hommes.

745. Étrennes. — Symmaque et Festus prétendent que l'usage des *étrennes*, c'est-à-dire des présents que l'on s'offre au commencement de la nouvelle année, remonte à Tatius, roi des Sabins, qui régna concurremment avec Romulus durant sept ans. Cette origine paraît un peu hasardée, mais elle ne doit diminuer en rien la respectable antiquité des étrennes.

744. Cavalerie. — Comme nous avons eu occasion de le constater dès l'an 2295, l'usage de la *cavalerie* remonte à la plus haute antiquité en Égypte, en Judée et en Orient. Mais il n'en fut pas de même en Grèce, car ce n'est qu'à l'époque de la première guerre de Messénie que les Spartiates l'introduisirent dans leurs armées.

740. PEINTURE POLYCHROME. — On appelle ainsi l'art d'employer et de varier les couleurs dans un tableau. C'est à un lydien, nommé Bularque, qu'est due cette heureuse innovation. On raconte que Candaule, roi de Lydie, qui vivait peu après ce peintre, paya un de ses tableaux au poids de l'or; cela devait faire une somme énorme, parce qu'alors on ne peignait pas encore sur la toile.

738. TRIOMPHE. — Lorsqu'un général romain avait pris une ville, conquis une province, battu une armée, tué au moins 5,000 ennemis, ou remporté quelque autre avantage considérable, il obtenait les honneurs du *triomphe*, c'est-à-dire qu'il était conduit en grande pompe au Capitole. Le roi Romulus, auteur de cette institution, si capable de caresser l'amour-propre des généraux romains, fut le premier à en jouir, en 738, après avoir défait les Camertins, peuple voisin de Rome.

737 ? CADRAN SOLAIRE, HEURES. — Nos lecteurs se rappellent sans doute que l'art de la *gnomonique* était déjà connu en Chine en 1110; il ne le fut, ce semble, qu'un peu plus tard en Orient. On pense que la construction et l'usage du *cadran solaire* sont dus aux Chaldéens ou aux Babyloniens, peuples fort adonnés à l'observation des astres. La première *horloge solaire* que mentionne l'Histoire Sainte est celle d'Achaz, roi de Juda. Isaïe nous apprend qu'au temps du pieux Ézéchias, fils et successeur d'Achaz, le Soleil rétrograda miraculeusement de 10 degrés sur ce cadran. Les Grecs n'ont connu cet art si utile que vers 575, et les Romains, qu'en 293. — L'usage de diviser le jour en un certain nombre *d'heures* n'est pas de la plus haute antiquité ; ce n'est que vers le viiie siècle qu'on en trouve la première mention dans les auteurs. Les livres de Tobie, de Judith et de Daniel en parlent positivement, ce qui semble prouver que cette division était également due aux Babyloniens ou aux Chaldéens. Notre Seigneur nous apprend lui-même que de son temps les Juifs partageaient le jour en douze heures, et la nuit en douze autres.

721. Éclipse de lune. — La plus ancienne *éclipse totale de lune* qui soit connue historiquement est celle du 19 mars 721 ; elle fut observée à Babylone par les Chaldéens, fort habiles dans l'astronomie. On a calculé qu'elle dura quatre heures six minutes en tout. Cette remarquable éclipse sert à fixer l'ère de Nabonassar, qui commence à l'an 747.

718. Équerre, etc. — Presque tous les compilateurs qui ont dressé des listes d'inventions et de découvertes, attribuent, d'après Pline, l'*équerre* à un architecte nommé Théodore, qui s'en servit

pour élever, avec son père Rhycus, un temple de Junon à Samos, leur patrie. On le dit également inventeur du *niveau*, de la *règle*, du *tour* et des *serrures;* mais nos lecteurs se rappellent fort bien que ces divers objets existaient déjà depuis long-temps. Théodore de Samos a pu en répandre l'usage en Grèce, mais il ne les a pas inventés.

713. CALENDRIER ROMAIN. — Romulus avait établi un *calendrier* particulier pour son petit État, mais il l'avait réglé d'une manière si défectueuse, que Numa Pompilius, son successeur, dut le réformer complètement. Il adopta l'*année lunaire,* composée de 354 jours, et la divisa en 12 mois. Plus tard, nous verrons combien ce nouveau calendrier eut besoin d'être lui-même réformé.

713. CORPORATIONS. — C'est au même Numa, successeur de Romulus, que Rome doit l'organisation des *corps de métiers.* Son but était d'opérer plus sûrement et plus promptement la fusion des Romains et des Sabins. Dès lors il y eut ce qu'on appelait les *colléges* ou *corporations* des musiciens, des orfèvres, des charpentiers, des teinturiers, des forgerons, des potiers, des foulons, des pêcheurs, des ouvriers en airain, des cordonniers, des tanneurs, etc.

700 ? ÉCRITURE. — Quoique nous ayons déjà parlé

bien des fois de l'art d'écrire, nous y revenons ici, parce que nous trouvons dans la Bible plusieurs particularités fort intéressantes qui s'y rapportent. Lorsque le jeune Tobie épousa Sara, fille de Raguel, vers 684, le *contrat de mariage* fut écrit sur une feuille, à laquelle certains traducteurs donnent à tort le nom de *papier*. Ce n'était pas même du *papyrus*, dont l'usage n'était peut-être pas encore connu; mais ce pouvait être de l'écorce d'arbre, comme Job insinue qu'on en employait déjà de son temps. — On écrivait dès lors avec de l'*encre*, puisqu'il en est question dans Jérémie, vers 620; Ézéchiel parle également des *écritoires* que les scribes portaient suspendues à leur ceinture. — Le livre des prophéties de Jérémie ayant été présenté en 603 à Joakim, roi de Juda, ce prince ne put en supporter la lecture, qui condamnait son impiété; il le lacéra avec le *canif* d'Élisama, son secrétaire. Ce fait prouve qu'alors on se servait de roseaux taillés pour écrire; l'usage des *plumes* est beaucoup plus moderne.

691. Soudure. — Ce fut le grec Glaucus, natif de l'île de Chio, qui trouva le secret de *souder le fer*. Il avait travaillé aux riches présents métalliques que les rois de Lydie avaient envoyés à Delphes, où se trouvaient un temple et un oracle d'Apollon

extrêmement célèbres dans tout le monde païen.

676. CONCOURS DE MUSIQUE. — La *musique* était sans doute cultivée en Grèce depuis longtemps, mais on est surpris de voir que ce sont les austères Lacédémoniens qui en ont établi des *concours publics*. Ils avaient lieu tous les ans, à la fête des Carnées, établie en l'honneur d'Apollon, le dieu de cet art merveilleux. Le premier qui remporta le prix de la *lyre* fut Terpandre, poëte et musicien de l'île de Lesbos. Quelques auteurs assurent qu'il eut l'idée d'ajouter quatre cordes à son instrument, qui en avait déjà sept. **On** prétend même que les Lacédémoniens le condamnèrent à une amende pour cette innovation, qui fut regardée comme une grave atteinte aux mœurs sévères de la république de Lycurgue.

664. COMBAT NAVAL. — Le plus ancien combat de ce genre dont il soit fait mention dans l'histoire, paraît être celui que soutinrent les Corinthiens contre les habitants de Corcyre, l'une des îles qu'ils avaient colonisées.

660? LABYRINTHE D'ÉGYPTE. — Cet immense édifice, composé de douze palais, fut construit dans les environs d'Arsinoé ou Crocodilopolis, par douze gouverneurs de province, qui avaient pris en main l'autorité souveraine. Le *labyrinthe d'Égypte* fut nou-

seulement le plus beau et le plus vaste de tous, mais on le compte même parmi les sept merveilles du monde. Il n'en reste aujourd'hui que de faibles ruines.

650? DIAMANT. — Le *diamant* est la plus précieuse de toutes les gemmes, à cause de sa rareté, de sa dureté et de son éclat. Il n'était pas connu dans la haute antiquité, car, si nous ne nous trompons, c'est Jérémie qui en a parlé le premier, en disant : *Le péché de Juda est écrit avec un burin de fer et une pointe de diamant.* Ézéchiel et Zacharie se servent également de ce mot. Les mines de diamant actuelles n'existent que depuis peu de siècles; celles de l'Inde, improprement appelées de Golconde, furent découvertes au xvᵉ siècle par un berger; celles du Brésil, en 1728, et celles des monts Ourals, en 1829.

650? SAVON. — Quelques commentateurs ont cru voir la première origine du *savon* dans *l'herbe de borith,* dont parle Jérémie. En effet, cette herbe servait à enlever les taches les plus tenaces. Cependant Pline assure que ce furent les Gaulois qui inventèrent la composition du *savon ;* il n'en indique point la date.

650? VAN. — Il n'y a aucun doute que l'on connût depuis longtemps le *van,* espèce de corbeille dont on se sert pour nettoyer le grain et en séparer la paille; ce n'est que dans Jérémie qu'on le trouve cité pour la première fois.

650. ORDRE IONIQUE. — Cet ordre d'architecture est ainsi appelé, soit parce qu'il fut inventé par les Ioniens, soit plutôt parce qu'il fut mis en usage parmi eux. On raconte que, vers l'an 600, tous les peuples de l'Asie-Mineure contribuèrent à l'érection d'un temple magnifique, construit à Ephèse en l'honneur de Diane. Ce grandiose monument fut commencé par Ctésiphon, de l'île de Crète, et ne fut achevé qu'au bout de 220 ans. Il fut brûlé en 356 par un fou, nommé Érostrate, qui voulait s'immortaliser. Ce temple avait 127 mètres de long et 66 de large, et comptait parmi les sept merveilles du monde. On prétend que ce fut dans sa construction que l'*ordre ionique* fut employé pour la première fois dans toute sa pureté.

644. PEINTURE SUR ÉMAIL. — Démarate, citoyen de Corinthe, ayant quitté sa patrie, où un tyran avait usurpé le pouvoir, vint se fixer à Tarquinies, chez les Étrusques, en 658. C'est là, dit-on, que ses hôtes inventèrent l'art de *peindre sur émail*, et de fabriquer ces beaux vases émaillés qui ont été si recherchés dans l'antiquité. Nous en trouvons la première mention chez les Grecs à l'an 423, où Arcésilaüs, de

l'île de Paros, excellait, dit-on, dans la *peinture sur verre*, ce qui sans doute est la même chose. Cet art est un des plus difficiles que l'on connaisse, aussi le nombre des artistes qui s'y sont distingués est-il fort petit.

640 ? ORDRE TOSCAN. — Cet ordre, qui fut inconnu aux Grecs, est dû, comme son nom l'indique, aux Étrusques ou anciens Toscans, qui ont laissé leur nom au pays de l'Italie qu'ils habitaient.

639. GÉOGRAPHIE. — Quoique les Phéniciens eussent fait de longs et nombreux voyages dans la Méditerranée et l'Océan ; ainsi que sur les côtes, ils n'ont ajouté presque aucun fait nouveau à la *géographie*. Cela tient non-seulement à ce qu'ils se laissaient absorber par les mercantiles opérations du commerce, mais encore parce que leur politique jalouse les portait à taire les contrées qu'ils visitaient, de peur d'éveiller chez les autres peuples le désir d'en exploiter les richesses. Les Grecs agissaient tout autrement ; aussi doit-on les regarder comme les fondateurs de la géographie. Hérodote nous apprend que les Phocéens furent les premiers, parmi les Grecs, qui entreprirent des *voyages de long cours*. Le fait suivant fait voir combien, au milieu du vii° siècle, on était encore neuf dans la connaissance des côtes les plus rapprochées. En 539, les habitants de l'île Santorin, dans l'Archipel, s'étant

décidés à émigrer dans la Libye, dont ils avaient
entendu parler, il ne se trouva personne pour les y
conduire, ni dans l'île de Crète, ni dans le voisinage.
Enfin, après bien des recherches, on découvrit un
teinturier en pourpre, nommé Corobius, qu'une tempête avait autrefois jeté sur l'île de Platée, près des
côtes de la Libye, et qui consentit à diriger l'émi-
gration. Il était encore dans cette île, lorsqu'arriva
un navire grec, conduit par un certain Colaüs, qui
avait fait voile pour l'Égypte, mais qu'un grand
vent d'est avait poussé jusqu'en Espagne. Colaüs
fut, selon Hérodote, le premier grec qui visita en
Espagne la ville de Tartessus, fondée par les Phéniciens.

635. Discipline militaire. — On prétend que ce fut
Cyaxare Ier, roi des Mèdes, qui eut l'idée d'établir la
discipline parmi ses troupes en temps de bataille ;
auparavant on combattait pêle-mêle. Il faut pourtant
en excepter les Hébreux, qui, depuis Moïse, ont toujours observé à la guerre un très-grand ordre.

610? Géométrie. — Cette science commença à être
cultivée dans la Grèce, où le fameux philosophe Thalès, de Milet, fut le premier à s'en occuper spécialement. Du reste, c'est une chose à remarquer que les
philosophes et les sages de l'antiquité ont presque
tous excellé dans cette science, si propre à rectifier

le jugement et à former le raisonnement. Parmi les géomètres anciens, Archimède, de Syracuse, mort en 312, passe pour le premier; Apollonius, de Perge, ville de la Pamphylie (Asie-Mineure), mort vers 170, est le second.

600? GREFFE. — On infère des écrivains que *l'art de greffer* était déjà connu en Grèce et ailleurs à cette époque; mais quelle avait été l'origine de cette intéressante opération d'horticulture? Théophraste et Pline la racontent bien différemment. Le premier dit qu'un oiseau ayant avalé un fruit tout entier, le rejeta dans le tronc d'un arbre creux, qu'il y germa, et qu'il y produisit un arbre d'une espèce particulière; les réflexions que l'on fit sur ce petit prodige, dit-il, amenèrent l'art de greffer. Pline donne une autre version : Un laboureur voulant faire une palissade autour de sa maison, s'avisa de coucher en terre des troncs de lierre vivace et d'y planter les pieux de sa palissade, afin qu'elle durât plus longtemps. Ces pieux reprirent, poussèrent des surgeons et devinrent bientôt des arbres touffus.....

600? PROSE. — Chose singulière, ce n'est que vers la fin du vii⁰ siècle avant Jésus-Christ que l'on commença à écrire l'histoire en *prose*. Le premier grec qui ait eu cette idée fut Cadmus, originaire de Milet, sur la côte de l'Asie-Mineure. Son livre n'est pas parvenu jusqu'à nous; il était intitulé : *Histoire de la fondation de Milet et des autres villes de l'Ionie.*

600? ROUTES. — On doit être surpris que jusqu'ici nous n'ayons rien mentionné touchant la construction des *routes publiques.* Ce genre de travaux ne paraît pas avoir attiré beaucoup l'attention des gouvernements de la haute antiquité. Sans doute il y avait des *grands chemins*; l'Écriture sainte et les historiens profanes en parlent souvent, mais étaient-ce des routes pavées dans le genre des *chaussées* romaines? La plus ancienne de ce genre que nous ayons rencontrée dans nos recherches, est peut-être celle que les Phéniciens établirent pour l'exploitation des mines de l'Espagne, entre ce pays et l'Italie; elle passait par le midi de la Gaule, au col de Tende, dans les Alpes maritimes. On ne sait pas au juste l'époque de sa construction, mais elle existait avant la deuxième guerre punique, en 220.

600? ÉGOUTS, AQUEDUCS. — De sept rois qui ont occupé le trône avant que Rome se fût constituée en république, aucun n'a autant fait pour l'embellissement de cette ville que Tarquin-l'Ancien. Il environna la place publique de galeries, de temples et d'édifices destinés aux *tribunaux* et aux *écoles publiques.* Mais les plus remarquables de ses travaux, selon

moi, dit Denys d'Halicarnasse, ceux qui me donnèrent une plus haute idée de la grandeur de Rome
furent les *aqueducs* et les *égouts* qu'il fit construire
pour purger la ville de ses immondices, et procurer
un écoulement aux eaux provenant des collines com-
prises dans son enceinte. C'est donc à tort que les
compilateurs prétendent que les premiers égouts furent construits à Syracuse par un certain Phœnix,
qui vivait en 480.

QUATRIÈME PÉRIODE.[1]

De la fondation de Marseille à l'avénement des Ptolémées.

(600 à 330 avant Jésus-Christ.)

Nous sommes parvenus à l'époque où la civilisation grecque atteint l'apogée de sa puissance. Les philosophes, les rhéteurs, les savants et les artistes vont, en quelque sorte, unir tous leurs efforts, épuiser tous leurs talents pour élever leur nation au-dessus des autres nations. Mais, pour quiconque observe et médite, cet éclat si brillant n'est qu'un fard mensonger, qui couvre sans la cacher la laideur d'une corruption universelle, conséquence inévitable du paganisme et symptôme assuré d'une décadence prochaine.

594. Calendrier grec. — Comme tous les calendriers anciens, celui des Athéniens laissait beaucoup à désirer ; il ne pouvait arriver à la perfection que par une observation de plusieurs siècles. Il fut réformé par Solon, archonte de la république et l'un

des sept sages de la Grèce : l'année comprendra à l'avenir 12 mois, chacun de 29 ou 30 jours, et l'on en intercalera un treizième trois fois en 8 ans.

590 ? AIMANT. — L'*aimant* est une sorte de pierre ou de métal qui a la propriété d'attirer le fer et quelques autres corps métalliques. Pline raconte ainsi la découverte de cette singulière propriété : Un berger, nommé Magnès, ayant enfoncé sur le mont Ida, dans l'île de Crète, son bâton noueux, qui était armé d'une pointe de fer, eut quelque peine à le retirer. Il trouva que la pointe s'en était détachée et qu'elle adhérait fortement à une pierre d'aimant. Quoi qu'il en soit de cette fabuleuse découverte, Thalès de Milet, l'un des sept sages de la Grèce, est le premier qui ait parlé de l'*aimant* et de ses propriétés *magnétiques*, dont on a su plus tard tirer tant de parti pour les sciences.

586. INSTRUMENTS DE MUSIQUE. — Nabuchodonosor II, ce puissant roi d'Assyrie dont le Seigneur s'était servi pour châtier son peuple, poussa l'orgueil jusqu'à vouloir se faire adorer comme un dieu. Il fit dresser une statue d'or de 60 coudées de haut, et défendit à tous ses sujets de rendre hommage à d'autres qu'à cette idole, ouvrage de ses mains. Leurs sacriléges adorations s'accomplirent au milieu des concerts de musique. Parmi les instruments que

mentionne l'Écriture à cette occasion, on voit figurer une espèce de *hautbois* et la *symphonie*, qui n'est autre que la *grosse-caisse*, si l'on en croit Isidore de Séville. Voici comment il la décrit : C'était, dit-il, un bois creux de part en part, couvert de peau, sur laquelle on frappe avec des baguettes ; ce qui produit, par le mélange du grave et de l'aigu, un chant très-suave.

585. ÉCLIPSE TOTALE DE SOLEIL. — Bien que nous ayons déjà mentionné plusieurs éclipses de soleil, nous citerons encore celle-ci. C'est la première qui ait été prédite ; elle le fut par Thalès, dont nous venons de parler. Cette éclipse eut lieu le 9 juillet, à 6 heures du matin, comme l'a vérifié M. Pingré, chanoine régulier de la Congrégation de France, au siècle dernier. Un événement de cette nature parut si extraordinaire que, selon les historiens de ce temps, il mit fin à la guerre que se faisaient Cyaxare Ier, roi des Mèdes, et Alyatte II, roi de Lydie. La première éclipse de lune qui ait été annoncée à l'avance est celle qui précéda la bataille de Pydna, gagnée en 168 par Paul-Émile sur Persée, dernier roi de Macédoine. Elle fut prédite par un astronome romain, nommé Sulpitius Gallus, qui avait accompagné Paul-Émile à cette guerre.

586. SCULPTURE. — Nos lecteurs sont peut-être

surpris que nous revenions sur un article dont nous les avons déjà entretenus plusieurs fois. Mais cela est indispensable, soit pour suivre les progrès de chaque industrie, soit pour en signaler l'introduction dans des pays différents. D'ailleurs tout ce que nous avons appelé *sculpture* jusqu'à présent aurait peut-être été mieux nommé *plastique, moulage, ciselure,* du moins quant à la Grèce. En effet, la tradition du pays rapporte que l'art de tailler, de polir et de sculpter le *marbre,* est dû à Dipœnus et à Scyllis, tous les deux crétois et élèves d'un statuaire de Sicyone, nommé Dédale. Ces deux artistes exécutèrent à Athènes, vers 568, les premières *statues* dont il soit question dans l'histoire grecque.

576. Monnaie romaine. — C'est Servius Tullius, sixième roi de Rome, qui a le premier imprimé une marque particulière sur la *monnaie* de cette ville. Elle ne consistait d'abord qu'en rondelles d'airain, dont l'usage datait du roi Numa. Servius y fit graver l'image d'un bœuf ou d'un mouton, et c'est de là qu'est venu le mot *pecunia, argent,* du latin *pecus,* qui veut dire *troupeau.* Les Romains se contentèrent de cette monnaie grossière jusqu'à l'an 269, qu'on fit frapper les premières pièces en argent. Celles d'or ne furent introduites dans la république que soixante-deux ans plus tard, c'est-à-dire en 207.

575? ASTRONOMIE, GÉOGRAPHIE. — Parmi les savants qui ont illustré la Grèce au vi⁰ siècle, on ne doit pas oublier Anaximandre de Milet, qui mourut en 547. Il s'est surtout distingué dans la *géographie* et l'*astronomie*. Dans sa *mappemonde*, la Terre est cependant encore représentée comme un cylindre, dont le diamètre était trois fois plus grand que la hauteur. « Pour moi, disait Hérodote un siècle après, je ne puis pas m'empêcher de rire, quand je vois quelques gens qui ont donné la description de la circonférence de la Terre, prétendre sans raison qu'elle est ronde comme si elle avait été travaillée au tour, et soutenir que l'Océan l'environne de toutes parts, et que l'Asie est égale à l'Europe. » On doit aussi à Anaximandre de Milet la construction des *cartes géographiques*, dont jusque-là personne, ce semble, ne s'était occupé. Il emprunta aux Chaldéens et introduisit en Grèce l'usage de diviser le jour en *douze heures*. Enfin, pour mesurer plus exactement la marche du temps, il fit dresser à Sparte, au milieu de la ville, un *gnomon* ou *cadran solaire*; c'est le plus ancien qu'on ait vu en Grèce.

570? JARDINS SUSPENDUS. — Lorsque Ninive eut été détruite en 625, par Cyaxare, roi des Mèdes, et Nabopolassar, roi de Babylone, cette dernière ville devint la capitale de l'Assyrie. Peu après, Nabucho-

donosor II s'appliqua à l'embellir. Parmi les monuments qui attiraient l'admiration des étrangers, fi-
guraient les jardins suspendus, l'une des sept merveilles du monde. Ils formaient un carré de 525
mètres, et s'élevaient en amphithéâtre par des terres
successives, dont la plus élevée égalait la hauteur
des remparts. De grandes voûtes, bâties l'une sur
l'autre, flanquées d'une muraille de 7 mètres d'é-
paisseur, soutenaient la terre des jardins, et celle-ci
était si profonde que les plus grands arbres y avaient
racine. Dans l'intervalle qui sépare les voûtes, l'architecte avait ménagé des salles, d'où l'on jouissait
d'un coup d'œil magnifique. Enfin il avait caché au-
dessus de la plus haute terrasse un immense réser-
voir, qui servait à arroser tout le jardin. Nous avons
rapporté cette description d'après Hérodote, mais
nous ne la garantissons pas.

562. Comédie. — C'est aux Grecs que l'on doit
les premiers essais de *l'art dramatique*. Ce que l'on
appelle *comédie* ne fut d'abord que des farces grossières, que l'on jouait à Athènes sur des tréteaux,
comme cela se voit encore dans les foires de la
campagne. Les auteurs et les acteurs de ces pièces
informes étaient Susarion et Dolon, nés l'un et l'autre à Icarie, bourg voisin d'Athènes.

561. Bibliothèque publique. — Depuis les quel-

ques conjectures que nous avons données à l'an 1700 sur les *bibliothèques* et les *archives*, rien de relatif à ce sujet ne s'est présenté à nos recherches. La première bibliothèque que nous sachions avoir été ouverte au public est celle qui fut formée à Athènes par Pisistrate, vers l'an 561, alors qu'il était à la tête de la république; elle s'appelait *Bibliothèque des Pisistratides*.

560? SOUFFLET. — Si nous en croyons le savant géographe Strabon, la théorie du *soufflet* serait due à Anacharsis, fameux philosophe scythe, que l'on a quelquefois compté parmi les sept sages de la Grèce; il passa une grande partie de sa vie à Athènes, et mourut en 548, âgé de plus de quatre-vingts ans. On lui doit aussi, comme nous l'avons dit ailleurs, l'*ancre à deux pattes;* on lui attribue même la *roue du potier*, quoique d'autres la donnent à Perdix, neveu de Dédale; il est probable, en effet, qu'elle devait être beaucoup plus ancienne qu'Anacharsis.

546. STATUES DE BRONZE. — On prétend que la première *statue en bronze* fut coulée à Sparte cette année, par un fondeur nommé Cléarque, qui était de Rhégium (aujourd'hui Reggio, dans le royaume de Naples). Sans doute cela n'est vrai que pour la Grèce, car, sans parler du veau d'or et de tant d'au-

tres figures exécutées sous Moïse, Salomon, etc.,
Isaïe parle positivement de cette, industrie dès l'an
750 au moins.

540? Mathématiques. — Pythagore, né à Samos,
dans l'Archipel, et mort en 504, à l'âge de quatre-
vingts, ou même, selon d'autres, de quatre-vingt-
dix-huit ans, fut un des plus grands philosophes et
des savants les plus universels de l'antiquité. On lui
doit surtout beaucoup de découvertes dans les diverses branches des mathématiques. Ainsi, il est
l'inventeur : 1° de *l'abaque* ou *table de multipli-
cation*, qui porte encore son nom; 2° de la démon-
stration si connue en géométrie du *carré de l'hypo-
ténuse;* 3° de la division de la surface terrestre
en cinq *zones climatériques;* quelques auteurs l'attribuent cependant à son disciple Parménide, natif
d'Élée (Italie); n'importe, cette division suppose la
connaissance de la *sphéricité* du Globe, des *tropiques*
et des *cercles polaires;* 4° du *monocorde* ou *dia-
pason* antique, instrument de musique composé
d'une seule corde, que l'on peut diviser par des che-
valets en autant de parties que l'on veut, afin de
mesurer les proportions des sons. Pythagore a donc
été le premier à s'occuper *d'acoustique.* C'est aussi
à lui que l'antiquité rapporte le dogme ridicule de
la *métempsychose* ou de la transmigration des âmes.

Il jouissait d’une telle autorité aux yeux de ses disciples, qu’on n’examinait jamais les choses sur lesquelles il s’était prononcé : Le Maître l’a dit, *Magister dixit*. Ce mot seul faisait taire tous les raisonnements.

540? POSTES. — L’établissement des *postes* n’est pas, comme on le répète souvent, une invention moderne ; non-seulement les Romains en avaient sous les empereurs, mais Xénophon en fait honneur à Cyrus le Grand, roi des Perses et des Mèdes, qui établit des *courriers* réguliers pour transmettre ses ordres dans son vaste empire. Hérodote en parle comme Xénophon ; il regarde même cette institution comme plus ancienne encore. Le premier de ces historiens attribue au même prince l’établissement des *caravansérails* ou maisons de repos le long des grandes routes pour les voyageurs. Enfin Cyrus passe pour être l’inventeur des *chars armés de faux*, qui sont pourtant beaucoup plus anciens. (*Voyez l’an* 1605.)

538. DARIQUES. — On donna ce nom à la monnaie d’or frappée pour la première fois par les Mèdes, parce que ce fut Darius le Mède, autrement dit Cyaxare II, qui les fit exécuter. Ces pièces valaient environ 18 fr. 55 cent. de notre monnaie actuelle.

536. TRAGÉDIE. — Le bourg d’Icarie, près d’A-

thènes, avait été la patrie de Susarion et de Dolon,
les deux inventeurs de la comédie ; il le fut aussi
de Thespis, le créateur de la *tragédie*. Les premières
représentations se faisaient par lui seul ; monté sur
un chariot et le visage barbouillé de lie, il débitait au
public un récit ou lui représentait une action, dont
le sujet et les vers avaient été préparés à l'avance.
C'est vers ce temps que Chœrile, poète athénien,
introduisit l'usage du *masque* dans ces sortes de représentations ; telle est du moins l'opinion d'Athénée et de Suidas.

536. Zodiaque. — On dit que l'observation et la
fixation des *signes du zodiaque* est l'œuvre de Cléos-
trate, astronome de Ténédos, petite île de l'Archipel ;
rien ne prouve pourtant qu'avant lui on n'eût pas
déjà une certaine connaissance du ciel, du moins
en Chaldée. C'est lui aussi qui inventa le cycle appelé par les Grecs *octaétéride*, qui durait huit ans, et
pendant lequel on ajoutait trois mois à l'année lunaire
pour la remettre en rapport avec l'année solaire.

522. Ordre corinthien. — Vitruve, le père de
l'architecture, qui vivait au premier siècle avant
Jésus-Christ, raconte ainsi l'origine du *chapiteau
corinthien* : « Une jeune personne prête à marier
vint à mourir ; sa nourrice plaça sur son tombeau
une corbeille remplie des bagatelles qui avaient servi

7

à l'amuser pendant sa jeunesse, et les couvrit ensuite avec une tuile pour les préserver de la pluie. Le hasard voulut que la corbeille fût posée sur une plante d'acanthe. Au printemps, elle poussa des branches, mais bientôt les angles de la tuile les forcèrent à se rouler en dehors, à peu près comme des volutes. Le sculpteur Callimaque, de Corinthe, passant près de ce tombeau, remarqua cette particularité et l'introduisit dans l'architecture. » Il est permis de douter d'un fait aussi simple et aussi extraordinaire tout à la fois.

509. ORAISON FUNÈBRE. — Le premier exemple d'*oraison funèbre* que nous offre l'histoire romaine, remonte à la première année de la république, où Brutus, premier consul, étant mort, son éloge fut prononcé par son collègue Valérius Publicola. Chez les Grecs, le plus ancien éloge funèbre est celui qui fut fait à Athènes en 441 par l'éloquent Périclès, sur le tombeau des citoyens morts au siége de Samos.

509. OSTRACISME. — L'*ostracisme* était une sorte de jugement par lequel la république d'Athènes exilait un coupable pour dix ans. Ce jugement avait cela de singulier que chaque citoyen y donnait sa voix en écrivant le nom de l'accusé sur une coquille. On croit qu'il fut institué en 509, sous l'administration de l'archonte Clisthène. Après avoir

servi à frapper d'illustres personnages, tels qu'Aristide, Thémistocle, Cimon, Thucydide, il fut déshonoré en tombant sur la tête d'un citoyen vil et méprisable, nommé Hyperbolus; c'est alors qu'on l'abolit, en 338.

507. CAPITOLE.— Ce magnifique monument, composé d'une forteresse, d'un temple de Jupiter et d'autres constructions, fut commencé par Tarquin l'Ancien, cinquième roi de Rome, mais la dédicace ne put en être faite que le 13 septembre 507, par le consul Horatius Pulvillus.

502. OVATION. — Quand un général romain n'avait obtenu à la guerre qu'un succès médiocre, ou bien qu'il n'avait eu à combattre que des pirates, des esclaves ou des rebelles, il n'était pas admis à l'honneur du triomphe, mais seulement à l'*ovation*. Alors il entrait à Rome simplement couronné de myrte. Ce petit triomphe fut institué pour le consul Posthumius Tubertus, qui avait battu les Sabins en 502.

500? MARIONNETTES. — Hérodote, Socrate, Xénophon, Platon et Aristote font tous mention de figurines qu'une main habile savait mettre en jeu pour amuser la foule, mais ils ne nous apprennent pas s'il y avait longtemps qu'on en faisait usage. Nous serions porté à croire que les *marionnettes*, qui sont de petits acteurs muets, ne datent pas de plus haut que les jeux scéniques et les représentations burlesques de la Grèce.

500? RHÉTORIQUE. — La *rhétorique* n'est autre chose que *l'art de parler* réduit en principes et soumis à des règles. Cicéron et Quintilien nous ont appris que le premier qui en ait donné des leçons fut Corax, de Syracuse, qui vivait au ve siècle. On le regarde aussi comme le premier qui ait demandé une *rétribution* à ses élèves; auparavant les philosophes donnaient leurs leçons publiquement et pour tout le monde.

500? MUSIQUE. — Parmi les musiciens dont s'enorgueillit la Grèce, on doit compter Lasus ou Lassus, qui était né à Hermione, dans l'Argolide. On le place quelquefois parmi les sept sages, ce qui prouve que les beaux-arts ne sont point un obstacle à la sagesse. C'est à cet artiste que l'on attribue l'usage de marquer ou de battre la *mesure*; c'est lui aussi qui a écrit le premier sur son art; malheureusement son ouvrage n'est point parvenu jusqu'à nous.

500? PERRUQUES, etc. — On ignore absolument l'origine des *perruques*, mais on sait que l'usage en doit remonter à une haute antiquité, puisque l'historien Xénophon nous fait entendre que les Mèdes, les Perses et les Phéniciens étaient accoutumés à s'en

servir. Nous les verrons reparaître dans le moyen-
âge. — D'après Hérodote, les Babyloniens portaient
une chaussure tout à fait semblable aux *souliers
béotiens,* qui passaient chez les Anciens pour un
article de luxe. Ils se couvraient la tête d'une *mitre,*
coiffure également usitée chez les anciens Perses.
Enfin ils avaient chacun une *canne* en bois tacheté,
et surmontée d'une pomme, d'une rose, d'un lis ou
de quelque autre emblème. Ces cannes venaient de
Tylos, l'une des îles Bahrein, dans le golfe Persique.

480 ? Mnémotechnie. — La *mnémotechnie* est l'art
d'aider la mémoire. Il paraît que le premier qui s'en
soit occupé chez les Anciens et qui en ait donné des
règles, est le savant Simonide, poète et philosophe,
né à Iulis, dans l'île de Cos (Archipel) ; il mourut en
468, à quatre-vingt-dix, ou même à quatre-vingt-
dix-huit ans. C'est lui aussi qui compléta l'alphabet
grec, en y ajoutant quatre nouvelles lettres : *ê, ô, z,
ps.* Nous ne pouvons résister au plaisir de rapporter
ici la réponse pleine de sens qu'il fit à Hiéron I, roi
de Syracuse, qui lui avait demandé ce que c'est que
Dieu. Le philosophe le pria de lui accorder un jour
pour préparer sa réponse; le lendemain, il en ré-
clama deux; ensuite il en exigea trois, quatre, et
ainsi de suite. A la fin, il s'exprima ainsi : *Prince,
vous me demandez ce que c'est que Dieu ; plus je mé-*

dite, sur ce sujet sublime, moins je me sens capable de vous répondre.

478. Médailles. — La *numismatique* est la science qui a pour objet l'étude des *médailles*, des *monnaies*, des *méreaux*, des *jetons*, etc., en un mot de toutes les pièces qui ont été frappées pour une raison quelconque. Souvent on appelle *médailles* les pièces de monnaie qui n'ont plus cours. Or, les plus anciennes de ce genre que l'on voie dans les cabinets des curieux et des amateurs et dont on connaisse la date, paraissent être celles de Hiéron I, ce roi de Syracuse dont nous venons de parler dans l'article précédent.

475. Théatre grec. — Le *théâtre grec* doit en grande partie son organisation à Eschyle, d'Athènes. Ce célèbre poète tragique donna aux acteurs des chaussures particulières et très-élevées : le *cothurne*, ne servant que dans les pièces tragiques ; et le *brodequin*, dans les scènes comiques. A propos de cela, disons ici que Pline, qui a ramassé sans critique et sans discussion une foule de traditions obscures et de bruits populaires, prétend que le premier qui ait porté des *chaussures* fut un citoyen de la Béotie, nommé Tibus ; il ne nous dit pas quand il vivait.

475? Perspective. — Depuis si longtemps qu'on cultivait le dessin et la peinture, avait-on donc négligé la *perspective*, qui est pourtant si essentielle dans les arts de ce genre ? Nous ne le savons pas, mais ce fut, dit-on, un grec, nommé Agatharque, qui en fit à Athènes l'application aux décorations théâtrales, sous la direction d'Eschyle.

469. Concours de poésie. — Peu d'arts ont été cultivés en Grèce autant que la *poésie*; aussi la littérature grecque s'enorgueillit-elle d'une foule de noms fameux, tels que ceux d'Hésiode, mort vers 944; d'Homère, vers 907; de Tyrtée, vers 670; de Sapho, vers 562; de Corinne, vers 470; de Simonide, en 468; de Pindare, en 456; de Sophocle, en 406; d'Euripide, en 402, etc. On établit même des *concours publics de poésie*, qui avaient lieu tous les quatre ans aux jeux olympiques. Ce fut Sophocle, d'Athènes, qui y reçut la première couronne, en 469.

467. Marine romaine. — Rome existait depuis près de trois siècles, et elle n'avait point encore **de** *vaisseaux*. La conquête d'Antium, ville et port enlevés aux Volsques, vint enfin lui procurer les moyens d'entretenir une marine marchande. Quant aux *navires de guerre*, la première *flotte* romaine ne sera construite qu'en 260, par les soins du consul Duillius, qui prendra pour modèle une galère carthaginoise échouée sur les côtes d'Italie.

450? Sculpture. — Cet art n'est pas nouveau,

il y a déjà longtemps que nous avons eu occasion de le dire ; mais il était réservé au fameux Phidias, statuaire d'Athènes, de le porter au dernier degré de la perfection. Il fit d'abord, en or et en ivoire, la *statue* de Minerve, qui était haute de 13 mètres, et qui devait être placée dans le Parthénon, à Athènes. Ce travail excita l'admiration universelle, et l'on croyait Phidias incapable de faire mieux. Pourtant il se surpassa encore dans la *statue* de Jupiter Olympien, qu'il fit quelques années après, pour être mise dans le temple d'Élis. C'est son chef-d'œuvre, et les Anciens n'ont eu qu'une voix pour le mettre au nombre des sept merveilles du monde. Phidias perfectionna aussi beaucoup l'art de *ciseler*, qui était cultivé depuis longtemps ; enfin l'historien Élien le fait encore inventeur du *tour*, auquel nous avons déjà eu occasion d'attribuer une antiquité plus reculée.

441. BÉLIER, TORTUE. — La première de ces machines était une longue poutre, dont l'extrémité était armée d'une masse de fer ou d'airain ayant la forme d'une tête de *bélier*. Portée sur les épaules d'un grand nombre d'hommes qui agissaient avec ensemble, cette redoutable machine ébranlait les murailles d'une ville, les battait en brèche, et ne tardait pas à les faire écrouler. On ne s'accorde pas sur

l'auteur de cette invention. Quelques-uns disent que les Carthaginois furent les premiers à s'en servir au siége de Gadès ou de Cadix, dès le vi° siècle avant l'ère chrétienne; mais cela est fort douteux. Il est plus vraisemblable de l'attribuer à Artémon, de Clazomènes, en Grèce. On dit qu'il s'en servit au siége de Samos, entrepris par les Athéniens. On ajoute que c'est lui aussi qui, dans cette même circonstance, inventa la *tortue*. C'était une galerie couverte, à l'abri de laquelle les assiégeants pouvaient en sûreté approcher de la ville qu'ils attaquaient, et la battre avec le bélier. On s'est servi du bélier en France jusqu'au xiv° siècle.

440? SYSTÈME DU MONDE. — Les Anciens croyaient généralement que la Terre était immobile, et qu'autour d'elle gravitaient en vingt-quatre heures les sept planètes, savoir : la Lune, Vénus, Mercure, le Soleil, Mars, Jupiter et Saturne. Cependant, dès le v° siècle, le savant Philolaüs, philosophe de Crotone, en Italie, devina le vrai *système du monde*, celui qui porte le nom de Copernic, ainsi que la *rotation* diurne de la Terre sur elle-même, et sa *révolution* annuelle autour du Soleil.

432. NOMBRE D'OR. — On appelle ainsi un *cycle de 19 ans*, au bout duquel les nouvelles lunes se présentent jour par jour aux mêmes époques. L'in-

vention de ce calcul est due à un savant astronome athénien, nommé Méton. Ses concitoyens furent si satisfaits de son travail, qui établissait le rapport exact entre les années lunaires et les années solaires, qu'ils le firent graver en lettres d'or sur la place publique. C'est de là qu'est venu son nom de *nombre d'or*. Méton partage avec son compatriote Eudémon la gloire d'avoir inventé l'*héliomètre*, instrument d'astronomie à l'aide duquel on peut mesurer le cours du Soleil.

425? Sténographie. — L'art de la *sténographie* et de la *tachygraphie*, c'est-à-dire l'art d'écrire aussi vite que l'on parle, est un de ceux que l'on a le plus cherché à perfectionner, surtout dans les siècles où les lettres étaient en honneur. Dès l'époque où nous sommes parvenus, les Grecs avaient une certaine méthode d'abréviation, puisqu'on voit Xénophon s'en servir pour recueillir les leçons orales de Socrate. Plus tard nous verrons ce même art s'introduire chez les Romains.

405. Solde. — Nous ne connaissons pas très-bien toute l'étendue des obligations militaires chez les peuples anciens; mais nous savons que, dans les premiers temps, les soldats romains n'avaient d'autres revenus que le pillage. C'est au siége de Véies, commencé en 405 et continué durant dix ans, que le Sé-

nat établi la *solde* pour l'infanterie; quelques années après, la même chose eut lieu pour la cavalerie.

404. Cinabre ou Vermillon. — L'année même où, après une guerre de vingt-sept ans, Athènes tombait au pouvoir des Spartiates, Callias, citoyen de cette ville, faisait la découverte du *vermillon* ou *cinabre*, qui est une belle couleur rouge, formée par la combinaison du mercure avec le soufre. Cette origine, rapportée par Théophraste, est contestée par Vitruve, qui prétend que cette substance fut trouvée dans les champs Cilbiens, non loin d'Éphèse, dans l'Asie-Mineure.

400? Physique, Chimie. — Comme toutes les sciences qui avaient pour objet les lois de la nature, la *physique* et la *chimie* des Anciens étaient souvent très-erronées. Parmi ceux qui leur ont fait faire le plus de progrès, on doit citer Démocrite, philosophe d'Abdère, en Thrace, qui trouvait dans les folies des hommes un continuel sujet de rire; aussi a-t-il poussé sa carrière jusqu'à 109 ans, tandis que le ténébreux Héraclite, philosophe éphésien, qui pleurait sans cesse les travers de l'humanité, n'a vécu que 69 ans. On dit donc que Démocrite fut le premier à affirmer que les *astres* sont des corps globuleux et circulants, et non pas des espèces de lampes suspendues à la voûte céleste, comme le croyait le vulgaire.

Il avança aussi que la *voie lactée* se compose d'un nombre incalculable d'étoiles très-éloignées. Il parvint à *dissoudre la pierre* et à *amollir l'ivoire* par des agents énergiques; il arriva même jusqu'à trouver des procédés pour *colorer le verre* et pour composer des *émeraudes* et d'autres *pierres fines artificielles.* Il mourut en 361.

400? LANTERNES. — Les *lanternes* existaient de temps immémorial en Chine, où l'on en fait une fête très-solennelle le quinzième jour de la première lune. Pour les autres pays, la plus ancienne mention que nous en ayons se trouve dans Théopompe, historien grec de l'île de Chio, qui vivait au IVe siècle. Dans le deuxième, au rapport de Plaute, auteur comique estimé, les Carthaginois avaient la réputation d'être les meilleurs fabricants de lanternes. Chez les Chinois, les *falots* ou les *lanternes* sont garnies de papier de couleur; chez les Romains, c'était avec du linge huilé, comme il paraît par l'auteur que nous venons de citer.

396 ou 381. VIS ET POULIE. — Un des plus habiles mécaniciens de l'antiquité fut Architas, de Tarente, mort vers 360. C'est à lui qu'on doit la *vis* ordinaire et la *poulie,* qui rendent tant de services aux arts. Si l'on en croit les écrivains, il avait également fabriqué une petite *colombe* en bois si bien condi-

tionnée qu'elle volait toute seule; si le fait est vrai, c'est une des plus anciennes et des plus rares *automates* qu'on ait admirées. Cependant le joueur de flûte et le canard qui digère, par Vaucanson, la tête d'airain qui parle, par l'abbé Mica, le petit chien qui jappe, par Droz, le danseur de corde, par Maëlzel, et plusieurs autres *automates* construites de notre temps, ne sont pas moins prodigieuses.

375? Astronomie. — Jusque là l'année solaire avait été régulièrement de 365 jours, durée inexacte, comme on s'en aperçoit aisément après une période considérable. Le savant Eudoxe, astronome de Cnide, ville de Carie (Asie-Mineure), lui donna une longueur de 365 jours et un quart, ce qui approchait beaucoup plus de la vérité. Il construisit aussi des *sphères* creuses et artistement emboîtées les unes dans les autres, afin de mieux expliquer les mouvements des astres. Enfin Vitruve lui attribue encore l'invention d'un cadran, qu'il appelle *l'araignée* et sur lequel nous n'avons point de détails.

364. Histrions. — Longtemps les Romains avaient trouvé le repos et de douces jouissances dans une vie frugale, simple et réglée; longtemps ils avaient ignoré cette classe vile des *farceurs*, des *pierrots*, des *acrobates,* des *bateleurs.* Les premiers qui furent

admis à exercer à Rome leur ignoble métier venaient de l'Étrurie ou de l'Istrie, et c'est pour cela qu'on les a appelés *histrions*.

360? SIGNES MUSICAUX. — Les divers signes qu'on emploie dans la musique, tels que les *dièzes*, les *bémols*, les *bécarres*, etc., furent inventés, dit-on, par Olympe, de Mycènes, ou plutôt par le célèbre Timothée, de Milet, l'un des plus habiles musiciens de ce siècle. Quelques auteurs les attribuent aussi aux disciples de Pythagore, ce qui leur donnerait une antiquité plus considérable.

353. MAUSOLÉE. — On appelle *mausolée* un monument funèbre remarquable par ses dimensions et sa beauté; c'est donc plus qu'un tombeau. Ce nom vient de Mausole, roi de Carie, qui mourut en 353. Sa veuve, la reine Artémise, avait pour lui une si grande affection, qu'elle fit brûler son corps, et en mêla les cendres tous les jours à ses aliments. Elle voulut lui ériger à Halicarnasse, sa capitale, un monument qui n'eût pas son pareil. Les architectes Satyrus et Pythis en dirigèrent les travaux. Quatre sculpteurs furent chargés de l'ornementation du marbre : Scopas, de Paros, eut le côté de l'orient; Timothée, celui du midi; Léocharès, celui du couchant; et Bryaxis, celui du nord. Ces divers artistes

réussirent au gré de la reine, et le chef-d'œuvre du genre funèbre fut mis par les Anciens au nombre des sept merveilles du monde.

352. Banque. — Ce que nous appelons *banque* n'était pas connu chez les Romains; cependant ils établirent en 352 une sorte de maison qui prêtait de l'argent à de très-faibles intérêts. Le taux fut fixé cinq ans plus tard à un vingt-quatrième, ce qui est à peu près quatre pour cent. Cet utile établissement fut fondé à Rome sous les consuls Valérius Publicola et Martius Rutilius; le premier était un patricien, et l'autre un plébéien.

350? Girouette. — Un architecte macédonien, nommé Andronicus, de Cérestes, dont nous ne connaissons pas au juste l'époque, fit bâtir à Athènes une tour octogone, dite encore aujourd'hui la *Tour des Vents,* et la surmonta de la plus ancienne *girouette* dont l'histoire fasse mention. C'était un triton d'airain monté sur un pivot, qui tournait très-facilement et indiquait par là le vent qui soufflait.

336? Climats. — Les géographes entendent par *climats* des zones de largeur variable, indiquant la durée du plus long jour de l'année pour tous les pays du Globe. On en attribue la première idée à Pythéas, savant de Marseille, qui voyagea et travailla beaucoup dans l'intérêt de la science. Quelques auteurs disent qu'on lui doit aussi d'avoir soupçonné le premier l'influence de la Lune sur les *marées*, ainsi que *l'obliquité de l'écliptique*.

334? PORTE - VOIX. — Quelques auteurs parlent d'une trompette à l'aide de laquelle Alexandre le Grand se faisait entendre de toute son armée. On pense que c'était une sorte de *porte-voix*, quoique la théorie et l'usage de ce curieux instrument d'acoustique soient dus au P. Kircher, savant jésuite, qui les publia en 1645.

333. PEINTURE A L'ENCAUSTIQUE. — Cette méthode de peinture consistait à mêler les couleurs à la cire fondue. Elle fut découverte vers l'an 333, soit par un peintre de Thèbes, nommé Aristide, soit par Pausias, de Sicyone, élève du fameux Pamphile et l'un des condisciples d'Apelles. Son secret, perdu durant longtemps à l'époque des temps de barbarie, fut retrouvé au siècle dernier par plusieurs artistes différents. On attribue encore au Pausias dont nous venons de parler, l'art de faire les *fleurs artificielles*.

331. ELÉPHANTS ARMÉS. — Quelques historiens prétendent que les premiers *éléphants armés en guerre* furent ceux qui donnèrent à Pyrrhus, roi d'Épire, la victoire sur les Romains à la bataille d'Héraclée, en 280; c'est une erreur. Alexandre le Grand en prit

plusieurs aux Perses à la bataille d'Arbèles, livrée en 331; et quatre ans après, le même prince eut encore à en combattre d'autres qui faisaient partie de l'armée de Porus, puissant roi des Indes.

331. CYCLE DE 76 ANS. — Longtemps employé par les chronologistes et par les astronomes, ce cycle fut inventé par Callippe, astronome d'Athènes. Ce n'est que le cycle de 19 ans quadruplé, pour rectifier quelques irrégularités de celui de Méton.

330. PORTRAITS. — La peinture n'avait le plus souvent pour objet que de représenter les scènes de la nature ou des tableaux plus ou moins animés de la vie; elle avait donc rarement essayé de reproduire les traits exacts des personnes. Quoi qu'il en soit de l'ancienneté des *portraits*, c'est au fameux Apelles, né dans l'île de Cos, et le premier des peintres de l'antiquité, que sont dus les *portraits en profil*. Il imagina ce moyen pour cacher l'infirmité d'Antigone, roi de Syrie, qui avait le malheur d'être borgne. Apelles excellait tellement dans son art, qu'il avait seul la permission de faire le portrait d'Alexandre le Grand. D'ailleurs il possédait le secret d'un *vernis* qui donnait à ses tableaux l'apparence de peintures à l'huile.

CINQUIÈME PÉRIODE.

De l'avènement des Ptolémées à l'empereur Auguste.

(330 à 1 avant Jésus-Christ)

La civilisation grecque a brillé de tout son éclat; désormais , sans tomber entièrement dans l'obscurité, elle ne jettera plus que quelques pâles reflets. Un autre pays prendra sa place ; c'est l'Égypte, telle que l'ont faite les Ptolémées. Rome, elle aussi, commencera à apporter son tribut; mais ce ne sera qu'au siècle d'Auguste, justement au point où nous devons nous arrêter, qu'elle dominera le monde, autant par ses progrès dans les lettres et les arts que par son influence politique.

328. TAPISSERIES. — Les premières *tapisseries* furent, dit-on, fabriquées à Pergame, on ne sait pas par qui. Les *tapis*, dont nous avons déjà parlé, étaient peut-être faits dans le même genre. Il est possible aussi que les auteurs qui indiquent la date de 328 aient confondu les tapisseries avec les *tapis attaliques*, dont nous parlerons plus loin.

326 ? Papier. — Le crétois Néarque, amiral au service d'Alexandre le Grand, fit une exploration très-importante des bouches de l'Indus jusqu'à Babylone, et nota dans son journal une foule de faits intéressants. Il y rapporte, entre autres choses, que les Indiens écrivaient sur du *papier de coton*. C'est là incontestablement la plus ancienne mention que nous ayons de cette précieuse industrie.

321. Pavé des rues.—Les *rues* de Carthage étaient *pavées* depuis quelque temps, et celles de Rome n'offraient encore que l'aspect de chemins fangeux et inégaux. Ce fut le célèbre censeur Appius Claudius, surnommé Cæcus ou l'Aveugle, qui commença à les faire caillouter ou paver, comme le sont à présent presque toutes celles de nos villes.

320? Médecine, Anatomie. — La fin du IVe siècle a vu fleurir un médecin célèbre, nommé Hérophile, et originaire de Chalcédoine, en Asie-Mineure. Il vivait à la cour de Ptolémée, roi d'Égypte. Ce fut, pour ainsi dire, le créateur de l'*anatomie*, et il poussa l'amour de la science jusqu'à disséquer les corps vivants des criminels condamnés à mort, qu'on lui abandonnait à cette fin. Cette cruauté le fit regarder avec tant d'horreur par le peuple, qu'il ne fallut rien moins que toute l'autorité du roi pour empêcher qu'il ne fût mis en pièces. On lui doit, entre autres découvertes anatomiques, la structure de *l'œil*, l'usage des *nerfs*, l'étude du *pouls*, et enfin, dit-on, l'opération si délicate de la *cataracte*. Quelques auteurs appliquent ce que nous venons de dire de la *dissection* au médecin grec Érasistrate, qui mourut en 258, et qui fut le chef de l'école des Méthodistes, opposée à celle des Empiriques; nous manquons de documents pour trancher la question.

320? Poivre. — Le poivre, qui est si commun aujourd'hui, était d'une rareté extrême chez les anciens ; Pline nous assure que de son temps, c'est-à-dire vers le milieu du premier siècle de J.-C., on le vendait au poids de l'or et de l'argent. C'est Théophraste, disciple d'Aristote, qui paraît en avoir parlé le premier, dans son traité *des Plantes*. On sait qu'à cette époque il ne se tirait que des Indes.

312. Voie Appienne. — De tous les grands ouvrages dont les Romains ont couvert le monde, nul n'a subsisté plus longtemps, nul n'a excité autant l'admiration que les *chaussées* ou *routes pavées*. C'est au censeur Appius Claudius Cæcus qu'est dû le premier de ces grands chemins, car il fit commencer dès 312 la *voie Appienne*, qui allait de Rome à Capoue et à Brindes (520 kilomètres). Elle était pavée entre les deux premières villes, et cailloutée entre les deux autres. On l'appela la *Reine des grandes routes*.

304. HÉLÉPOLE. — On appelle ainsi une tour de bois à plusieurs étages et munie de ponts-levis, que l'on peut abaisser sur les murailles d'une ville assiégée pour y introduire des soldats. On en est redevable à un ingénieur macédonien, nommé Posidonius ; il construisit cette première *hélépole* sous les ordres de Démétrius Poliorcètes, qui en donna lui-même le plan avant d'entreprendre le siège de la ville de Rhodes.

300. BARBIERS. — Jusqu'à la fin du ive siècle, les Romains eurent l'habitude de conserver leur *barbe* intacte. En 300, Ticinus Ménas amena de Sicile des *barbiers*, qui s'établirent à Rome et ne tardèrent pas à y exercer leur profession en grand : presque toutes les barbes tombèrent sous leur rasoir impitoyable. Les choses en vinrent au point qu'en 202, Scipion l'Africain introduisit l'usage de se faire *raser* tous les matins.

300. COLOSSE DE RHODES. — Parmi les sept merveilles dont les Anciens ont fait tant de bruit, figurait le *colosse de Rhodes*. C'était une statue d'Apollon, en bronze, haute de 34 mètres et placée à l'entrée du port. Ce chef-d'œuvre de la statuaire antique fut commencé en 300 par Charès, natif de Lindos, dans l'île de Rhodes ; il ne fut achevé que douze ans après, en 288, par Lindès, aussi rhodien.

Il ne resta debout que 56 ans; un tremblement de terre le renversa en 232, selon le rapport de Pline. Devenu neuf siècles plus tard la conquête des Sarrasins, il fut vendu à un juif, qui en eut la charge de 900 chameaux.

300? SUCRE. — Théophraste et Pline font mention d'une substance qui paraît avoir eu beaucoup de rapport avec le *sucre*. Les Anciens l'ont donc connu ; mais, à la manière dont ils en ont parlé, on voit qu'ils ne savaient ni le purifier, ni le raffiner, ni le cristalliser ; c'était plutôt une espèce de *sirop*.

289. PHARE D'ALEXANDRIE. — L'architecte Sostrate, originaire de Cnide, dans l'Asie-Mineure, fut chargé par Ptolémée Soter, roi d'Égypte, d'élever un phare à l'entrée du port d'Alexandrie. Il en fit un si beau, si grandiose, si monumental, qu'on l'a rangé parmi les sept merveilles du monde. Il n'avait pas moins de 150 mètres de haut ; ainsi il surpassait la plus grande des pyramides d'Égypte, qui n'en a que 146. Quelques auteurs prétendent que ce *fanal* fut le premier connu ; cependant Virgile parle de celui du promontoire de Capharée, dans l'île de Négrepont, qui avait été établi par le roi Nauplius dès le temps de la guerre de Troie, vers l'an 1270.

293. CADRAN SOLAIRE. — Quoique les *gnomons* et les *cadrans solaires* existassent depuis des siècles en

Chine, en Orient et en Grèce, ce n'est que cette année que Rome put en contempler un dans ses murs. Il fut apporté de Sicile par le fameux général Papirius Cursor, qui le plaça dans le temple de Quirinus. Trente ans après, c'est-à-dire en 263, le consul Valérius Messala ayant pris la ville de Messine, en rapporta un autre, dont on se servit durant près d'un siècle, malgré son imperfection. Enfin, en 164, le censeur Marcius Philippus en fit construire un nouveau, beaucoup plus exact que les précédents. L'architecte Vitruve, à ce qu'il paraît, fut le premier qui enseigna l'art de faire des cadrans au moyen de l'*analème*, c'est-à-dire de la projection orthographique de la sphère sur le colure des solstices.

283. Musée, Bibliothèque. — Les Ptolémées, rois d'Égypte, ont été presque tous des protecteurs éclairés pour les lettres, les arts et les sciences. Le chef de cette dynastie, Ptolémée Soter, se distingua beaucoup à cet égard ; son fils, Ptolémée Philadelphe, le surpassa encore. Dès le commencement de son règne, il fonda près de son palais, à Alexandrie, le *Musée*, qui était un vaste établissement où l'on entretenait à ses frais des savants, des philosophes, des gens de lettres très-distingués. On croit que cette idée lui fut inspirée par Démétrius de Phalère, orateur, philosophe et homme d'État très-célèbre à cette épo-

que. Au Musée fut adjointe une *bibliothèque*, qui devint en peu de temps la plus fameuse de toute l'antiquité ; elle compta jusqu'à 700,000 volumes ou rouleaux, manuscrits précieux, presque tous écrits sur *papyrus*. Cette riche collection, qui renfermait une foule d'ouvrages que nous n'avons plus, fut brûlée par le farouche Amrou, lieutenant du calife Omar et conquérant de l'Égypte, en 640. On dit que ces livres servirent à chauffer les bains de la ville durant six mois. — Le *papyrus* est un arbuste de l'Égypte, qui fournissait des pellicules très-minces et très-blanches, pour recevoir l'écriture comme notre papier. Il y avait peude temps qu'on connaissait l'art de l'employer, mais Ptolémée Philadelphe en encouragea extraordinairement la culture.

277. Septante. — On appelle *version des Septante* une traduction de l'Ancien Testament, faite de l'hébreu en grec, par soixante-douze docteurs juifs, qui savaient également bien l'une et l'autre langue. Ils entreprirent ce remarquable travail par ordre du roi Ptolémée Philadelphe, le fondateur de la bibliothèque d'Alexandrie. Démétrius de Phalère lui avait dit que les livres des Juifs méritaient bien d'y avoir une place distinguée.

264. Gladiateurs. — C'est en cette année que le forum Boarium, à Rome, fut témoin pour la première

fois des *combats de gladiateurs*, déjà connus dans la Campanie, aujourd'hui province du royaume de Naples. Cet horrible spectacle fut donné au peuple par Marcus et Décimus Brutus, qui prétendaient par là honorer la mémoire de leur père. Pauvre peuple, qui ne trouve rien de mieux que de faire verser le sang des hommes pour plaire à ses dieux! Les combats d'*athlètes* ne furent introduits à Rome qu'en 186, par Fulvius, qui venait d'être vainqueur des Étoliens.

263. MARBRES DE PAROS. — On connaît sous cette dénomination une chronologie grecque, qui fut gravée sur des tables de marbre par ordre des archontes ou magistrats d'Athènes, et qui s'étend depuis la fondation de la ville jusqu'à l'année 263. Ces marbres, si précieux pour l'histoire grecque, ont été retrouvés au commencement du xviie siècle dans l'île de Paros, et se conservent aujourd'hui à la bibliothèque de l'université d'Oxford, en Angleterre. Comme ils avaient appartenu dans l'origine au comte d'Arundel, on les appelle quelquefois *Marbres d'Arundel*.

263. PARCHEMIN. — Eumène Ier, roi de Pergame, dans l'Asie-Mineure, fut un des princes de l'antiquité qui protégèrent le plus les sciences et les lettres. Sous ce rapport il rivalisait avec Ptolémée Philadelphe;

les choses furent même portées si loin, qu'il y eut entre eux une guerre très-sérieuse. Le roi d'Égypte interdit à ses sujets l'exportation du *papyrus*, de sorte que le roi de Pergame en fut réduit aux expédients pour le remplacer. C'est alors qu'un grec, dont le nom nous est inconnu, lui apprit à préparer le *vélin* ou *parchemin*, sur lequel on pouvait écrire aussi bien que sur le papier égyptien. On sait que le parchemin n'est autre chose que la peau de mouton grattée et adoucie.

260. Corbeaux. — Les Romains donnaient ce nom à des espèces de grues armées de crampons de fer, avec lesquels on pouvait accrocher les vaisseaux et les rendre immobiles. C'est ainsi que le consul Duillius, inventeur de ces machines, remporta sur les Carthaginois la victoire navale de Myles. Il arrêtait les galères ennemies, puis ses soldats sautaient à l'abordage, où ils avaient facilement le dessus.

253. Funambules. — Les *danseurs de corde*, car c'est ce que signifie le mot *funambules*, n'étaient pas moins habiles dans l'antiquité que dans les temps modernes ; on pourrait en donner des preuves nombreuses et irrécusables. Les premiers qu'on ait vus à Rome y furent amenés de la Grèce, où cette périlleuse profession était en grande vogue depuis le xivᵉ siècle, si nous en croyons certains auteurs. Les

Romains en devinrent tellement passionnés à leur tour, qu'ils allèrent jusqu'à dresser des éléphants à exécuter ainsi des exercices de danse sur des cordes tendues, soit horizontalement, soit obliquement.

250? CLEPSYDRE. — Un cadran solaire pouvait bien indiquer l'heure quand son style ou aiguille était frappé des rayons du soleil, mais pendant la nuit, mais dans les jours brumeux ou couverts, comment mesurer le temps? C'est pour satisfaire à ce besoin que les Égyptiens, dit-on, inventèrent la *clepsydre*. Cet instrument avait pour principe un vase plein de sable ou d'un liquide quelconque, dont l'écoulement était modifié de manière à indiquer les heures. Nous ne connaissons pas l'auteur de cette utile invention, nous n'en savons même pas la date au juste. Nous la verrons introduite à Rome dans le siècle suivant.

250? MÉCANIQUE. — Archimède, né à Syracuse, en Sicile, fut certainement le premier mécanicien et le plus habile ingénieur de l'antiquité. On lui doit une foule d'inventions; nous réunirons ici toutes celles qu'il a faites en Égypte, où il a résidé plusieurs années à la cour des Ptolémées. Il y construisit des *digues* si puissantes, que les villes furent enfin préservées des dégâts que causaient annuellement les débordements du Nil. Il chercha longtemps à résoudre le fameux problème de la *quadrature du cercle*, et c'est à lui qu'on doit cette formule : Le diamètre est à la circonférence comme 7 est à 22. Il posa les bases de la *statique*, inventa la *vis sans fin*, ainsi que la *limace* ou *vis inclinée*, pour faire monter les eaux et dessécher les marais; enfin il découvrit la puissance du *levier*, celle du *cric*, de la *poulie mobile* et des *moufles*. Par ce court exposé, on voit quels progrès merveilleux Archimède a fait faire à la science, sans parler des puissantes machines qu'il inventera au siége de Syracuse, en 214.

245? OBSERVATOIRE.—Tous les *observatoires astronomiques* qui ont existé jusqu'ici, notamment celui que nous avons vu construit en Chine en 1110, étaient sans doute fort imparfaits. Le premier véritablement digne de ce nom paraît être celui d'Alexandrie. Il fut établi sous le règne de Ptolémée Évergète, par Érastosthène, né à Cyrène, en Afrique, et l'un des plus savants hommes de l'antiquité; il était alors bibliothécaire d'Alexandrie.

240. THÉATRE ROMAIN. — Les premières représentations qui aient eu lieu à Rome, soit pour la *comédie*, soit pour la *tragédie*, sont dues à Livius Andronicus, qui ne fit pourtant que traduire ou imiter les pièces grecques. Il donnait ses représentations sur des tréteaux, et ce ne fut qu'en 65 que Pompée

fit construire un édifice spécial et permanent pour cet objet.

240 ? Tapis attaliques. — On désignait sous ce nom des espèces de tapisseries assez semblables à celles de la manufacture impériale des Gobelins, à Paris ; seulement on ne faisait entrer dans leur broderie que de la laine et du fil d'or. Ces tapis représentaient des personnages ou des scènes à grand effet. Ils tirent leur nom d'Attale Ier, roi de Pergame, sous lequel ils ont été inventés. Quelques auteurs cependant ne placent ce fait que sous Attale III, en 138.

219. Médecine à Rome. — L'art de guérir avait fait bien peu de progrès à Rome jusqu'à cette époque, puisqu'il n'y avait eu encore aucun médecin, et que les premiers qui y vinrent exercer cette profession étaient tous des Grecs. Le plus ancien fut Archagate, originaire du Péloponèse. Il paraît qu'il appartenait à l'école des Empiriques, car la violence des remèdes qu'il employait lui fit donner le surnom, si peu honorable pour un médecin, de *carnifex*, c'est-à-dire *le bourreau*.

214. Machines, Miroirs ardents. — Les Romains ayant déclaré la guerre à tous les peuples qui soutenaient le parti des Carthaginois, envoyèrent Marcellus faire le siége de Syracuse, ville très-importante de la Sicile. Le consul fut arrêté trois ans sous les murs de la place, qu'il assiégeait par terre et par mer. Ce n'était pas précisément le courage des habitants qui lui opposait une si longue résistance, mais bien l'habileté d'Archimède, leur compatriote. En effet, ce grand ingénieur déjoua presque seul tous les efforts des Romains. Il construisit de puissantes *machines* qui lançaient de grosses pierres contre les vaisseaux ennemis; d'autres, qui les accrochaient à distance, les soulevaient à une certaine hauteur, et les laissaient retomber dans la mer, où ils étaient abîmés. Enfin, avec des *miroirs ardents* de son invention, il alla jusqu'à brûler les navires de la flotte romaine stationnés dans le port. Syracuse ne fut prise qu'au bout de trois ans, en 212, et seulement par surprise; Archimède y fut tué par un soldat qui ne le connaissait pas. Le fait des *miroirs ardents*, quoique cité par plusieurs auteurs dignes de foi, avait passé pour un conte jusqu'au siècle dernier, où Buffon en a démontré la possibilité par des expériences sans réplique.

213. MURAILLE DE LA CHINE. — L'empereur Tsin-Chi-Hoang-Ti étant parvenu au trône de Chine, voulut préserver ses nouveaux États des invasions si fréquentes et si désastreuses des Tartares Mongols et des Tartares Mandchoux. Pour cet effet, il fit élever

le long des frontières septentrionales de son empire une immense muraille, qui subsite encore aujourd'hui, mais qui tombe de vétusté. Elle est devenue inutile, puisque les Mandchoux se sont emparés du Céleste-Empire, où ils dominent depuis 1644. La *Grande Muraille*, comme on l'appelle, n'a pas moins de 2,400 kilomètres de développement, 7 à 8 mètres de haut, et 4 à 5 mètres d'épaisseur ; elle est double, et même triple en plusieurs endroits.

210? Papier, etc.—L'empereur chinois que nous venons de nommer, sous prétexte d'empêcher le retour aux anciennes idées, ordonna la destruction de tous les livres d'histoire et autres analogues. Cet ordre fut exécuté avec une rigueur barbare, et fit un grand tort aux lettres et aux arts. Cependant le ministre de ce prince farouche, Mung-Thian, s'illustrait vers ce temps par la découverte du *papier de soie*, de *l'encre* et des *pinceaux* à écrire dont se servent les Chinois. Auparavant on écrivait sur des tablettes de bambou. Ce ne fut qu'au commencement du viie siècle de l'ère chrétienne que ces diverses industries passèrent au Japon, où elles se sont conservées jusqu'à présent.

200? Écoles publiques. — Rien n'est plus difficile que de préciser l'époque où l'on a commencé à établir des *écoles publiques*. Il y en avait chez les Juifs, les Égyptiens, les Grecs, etc., mais on n'en connaît point l'origine. Pour ne parler que de celles des Romains, on ne peut guère les faire remonter au-delà de l'an 200. Ce n'étaient point des établissements fondés et protégés par le gouvernement, mais des entreprises particulières, tenues le plus souvent par des étrangers. Plutarque rapporte, sans en dire la date, que ce fut un affranchi, nommé Spurius Carvilius, qui ouvrit à Rome la première école publique. Dans les écoles élémentaires, on enseignait à lire, à écrire, à compter. Tous les ans, au mois de mars, les élèves apportaient au maître une petite *rétribution* scolaire. Le matin, en venant à l'école, et le soir, en s'en retournant, les jeunes étudiants marchaient par bandes assez nombreuses, portant chacun leurs livres et leurs cahiers dans un petit coffret ; la plupart avaient aussi au bras gauche une bourse de jetons pour apprendre à compter. Les enfants à qui leurs parents voulaient donner une éducation supérieure, recevaient un précepteur et des maîtres de toute sorte : de grammaire, de rhétorique, de scolastique, de dessin, de peinture, d'équitation, de danse, de musique, et même de chasse. Enfin ces jeunes gens apprenaient les exercices gymnastiques dans les écoles dites le *xyste* ou le *palestre*, comme de bien tenir les bras, de n'être point embarrassés de leurs mains, de prendre une bonne contenance, de marcher avec grâce, de ne faire de la tête et des yeux aucun mouvement qui ne s'accorde avec les mouvements du corps.

200? PONCTUATION. — Les Anciens faisaient fort peu usage des *accents* et des *signes de ponctuation*, qui jouent un rôle si important dans la plupart des langues modernes. On croit que c'est Aristophane, de Byzance (aujourd'hui Constantinople), qui introduisit les *accents* dans la langue grecque. Ce ne fut que deux siècles après, sous le règne d'Auguste, qu'ils passèrent dans la langue latine. Le même écrivain, qui était alors bibliothécaire d'Alexandrie, paraît avoir été également le premier à se servir du *point*, de la *virgule* et des autres principaux signes de *ponctuation*.

200? GÉOMÉTRIE.—Nous avons dit ailleurs qu'A-pollonius de Perge peut être regardé comme le premier géomètre de l'antiquité après Archimède. En effet, il a fait des découvertes qui sont une preuve de la profondeur de son génie. Ainsi on lui doit la *parabole*, l'*ellipse* et l'*hyperbole*, figures très-importantes, dont il a consigné la théorie et les principales applications dans son savant traité des *Sections coniques*, qui fait encore autorité aujourd'hui.

200? INDUSTRIE GAULOISE. — Jusqu'ici les Celtes ou

Gaulois ont tenu peu de place dans notre recueil. Est-ce à dire qu'ils n'ont rien inventé? Gardons-nous de le croire; César, Strabon et Pline, écrivains romains peu disposés à les flatter, mentionnent au contraire un grand nombre de découvertes qui leur sont dues, et d'industries dans lesquelles ils ont excellé. Malheureusement on ne nous a pas indiqué la date de ces inventions, et nous sommes obligés de les réunir ici sous un titre général. Toutes celles que nous allons indiquer existaient très-certainement avant l'ère chrétienne.

Les Gaulois étaient très-adonnés à l'*agriculture;* c'est d'eux qu'est venue l'idée d'employer la *marne* pour fertiliser les terres. Ils ont été les premiers à monter leurs *charrues* sur un train à deux roues, comme cela se pratique encore aujourd'hui. On ne saurait leur refuser l'invention des *moulins à eau,* dont plusieurs auteurs ont parlé comme d'une chose très-ancienne parmi eux. Ausone cite, entre autres, ceux qui étaient établis sur les affluents de la Moselle. — Nos ancêtres excellaient dans la *trempe du cuivre,* comme les Espagnols dans celle de l'*acier.* Ce furent les Bituriges ou habitants de Bourges qui trouvèrent les procédés de l'*étamage;* ils avaient, dit-on, déjà l'usage des *hauts-fourneaux;* c'est peut-être beaucoup dire. Ceux d'Alise (aujourd'hui Sainte-Reine,

département de la Côte-d'Or,) inventèrent le *pla-
cage*, c'est-à-dire l'art d'appliquer l'argent sur le
cuivre ; ils travaillaient surtout de cette manière
les mors et les harnais des chevaux ; ils fabriquèrent même quelquefois des chars entiers tout en
cuivre ciselé et plaqué. Selon Pline, les Gaulois excellaient dans la teinture de certaines étoffes ; ils
employaient surtout l'*hyacinthe* ; ils avaient aussi
une teinture produite par des sucs d'herbes, et qui
imitait la *pourpre* de Tyr, mais qui ne résistait pas
au lavage. — Les Lingons ou Langrois recueillaient
la meilleure *laine* des Gaules, et en fabriquaient une
espèce de *drap* ou d'étoffe commune, et des *tapis*
qui n'étaient pas sans réputation. Ces tapis étaient
brodés et n'avaient de rivaux que ceux que l'on fa-
briquait chez les Parthes. Ils partageaient aussi avec
les Santons, habitants de la Saintonge, l'usage ex-
clusif de la *cuculle*, vêtement chaud et commode,
qu'adoptèrent les Romains et les Arabes, et que l'on
a depuis peu remis à la mode sous le nom de *caban*.
— A propos des vêtements, nous pouvons encore
mentionner ici les *galoches*, espèce de chaussure en
bois et en cuir ; Cicéron et plusieurs autres auteurs
latins en ont parlé de manière à faire entendre que
c'est bien une chaussure gauloise. Nous n'osons dire
la même chose des *sabots*, dont, au rapport de Caton,

les Romains donnaient tous les deux ans une bonne paire à ceux de leurs esclaves qui travaillaient dans les fermes. Mais nous sommes sûrs, d'après Pline, que ce sont nos ancêtres qui ont imaginé et fabriqué les premiers *matelas ;* les anciens maîtres du monde ne couchaient que sur des *paillasses.* Le même écrivain fait encore honneur aux Gaulois de l'invention des *étoffes à mailles.* — Enfin, le naturaliste de Côme nous apprend que les Gaulois ont également inventé l'art de fabriquer et de cercler les *tonneaux* en bois pour conserver le vin; le *savon* et les *cribles de crin,* dont nous avons déjà parlé; et la *cervoise,* espèce de bière faite avec de l'orge fermentée.

198. RELIURE. — Tout le monde sait que les *livres* des Anciens n'avaient point la forme des nôtres; cependant on conjecture que, dans les derniers siècles, on commença à les composer de diverses feuilles de même grandeur, ce qui nécessitait une sorte de *reliure.* Mais le compilateur qui a placé hardiment cette invention à l'an 198, ne nous apprend pas d'où il a tiré cette date, ni quelles preuves il a de ce fait. Quant à nous, nous croyons que l'art de relier les livres d'après la méthode actuelle, ne remonte pas au-delà du moyen-âge. Pour la satisfaction du lecteur, nous réparerons ici un oubli

fait à l'an 700 touchant la forme des *volumes* anciens. Lorsque les ouvrages exigeaient plusieurs feuilles de papyrus ou d'écorce, elles étaient collées l'une au bout de l'autre, et écrites d'un seul côté. On en conserve au musée de Turin une qui a 22 mètres de long. Ces feuilles étaient roulées autour d'un bâton, et on les déposait ainsi dans les rayons des bibliothèques. Le titre de l'ouvrage était écrit sur le bout du bâton qui apparaissait aux yeux.

180? Parasol, Éventail. — Nul doute que ces inventions soient d'origine orientale, et qu'elles remontent à une époque beaucoup plus ancienne. Mais nous les mentionnons ici, parce que c'est vers ce temps qu'elles ont dû passer à Rome. Le comique Plaute paraît être le premier qui désigna l'*ombrelle* ou *parasol*; il consistait en une pièce d'étoffe tendue sur de légers bâtons, et portée à l'extrémité d'un long roseau des Indes. L'*éventail* se composait d'une palme en plumes de paon; il est également mentionné par Plaute.

170. Boulangers. — Distinguons ici l'art de faire le *pain*, qui est de la plus haute antiquité, et la profession de *boulanger*, dont nous avons trouvé l'existence en Égypte dès le xxiᵉ siècle, et en Judée dès le xiᵉ. Cependant ce n'est qu'en l'an 170 que Rome a vu s'établir dans ses murs cette utile corporation;

les premiers boulangers lui vinrent de l'Asie-Mineure.

167. BIBLIOTHÈQUE A ROME. — Pour un peuple simple et guerrier comme les Romains, on n'est pas surpris de les voir si tard s'adonner à l'étude, et se procurer les moyens de s'instruire. La première *bibliothèque* n'y fut établie qu'après la conquête de la Macédoine, faite par le célèbre Paul-Émile ; il enleva à Persée, dernier roi de ce pays, la collection de livres qu'il avait formée, et la fit transporter à Rome. Cependant la première *bibliothèque publique*, grecque et latine, ne fut réellement fondée qu'en 39, par Asinius Pollion, qui la plaça près de l'*atrium* ou cour de la Liberté, sur le mont Aventin.

146. AIRAIN DE CORINTHE. — L'*airain* est un composé d'environ 80 parties de cuivre jaune, 12 d'étain, et le reste d'antimoine. Ce métal n'est pas nouveau, puisqu'il existait dès avant le déluge. Nous y revenons ici pour parler de l'*airain de Corinthe*, alliage dont les Anciens faisaient le plus grand cas. On n'en connaît pas la véritable origine, car les savants regardent comme une fable ce que disent Strabon, Pline et Florus, que c'était un mélange de cuivre, d'or et d'argent, dont on apprit par hasard la composition, à la suite de l'incendie de Corinthe, ordonné en 146 par Mummius. Ce con-

sul, chargé de la réduction de la Grèce pour les Romains, était si peu capable de juger du mérite et de la valeur artistique des chefs-d'œuvre de peinture, de sculpture et autres dont il remplissait des chariots nombreux, qu'il disait à ses soldats, occupés à ce travail : *Prenez bien garde d'en perdre ou d'en briser, parce que vous seriez obligés de les refaire vous-mêmes.*

140? ASTRONOMIE. — Le deuxième siècle a vu peu d'hommes aussi savants qu'Hipparque, astronome de Nicée, en Bithynie ; qu'on en juge par ses découvertes. Le premier il calcula la *précession des équinoxes*, donna des noms à tous les *astres*, découvrit la *parallaxe* des planètes pour en mesurer la distance, fixa le *premier méridien* aux îles Fortunées (aujourd'hui les Canaries), détermina la *longitude* et la *latitude* de toutes les villes, et posa les bases de la *trigonométrie sphérique*, science fort utile en astronomie. Il construisit à Alexandrie, pour son usage particulier, le premier *astrolabe* dont l'histoire fasse mention ; c'est un instrument à l'aide duquel on observe la position des astres et l'on résout mécaniquement la plupart des problèmes de trigonométrie sphérique. Enfin, on doit à Hipparque le plus ancien *catalogue d'étoiles*. Celui qu'il dressa ne contenait que 48 *constellations* et ne nommait que 1,022 étoiles ; aujourd'hui les astronomes ont pu cataloguer environ 108 constellations et nommer plus de 25,000 étoiles.

134. POMPE, CLEPSYDRE A ROUE. — Le physicien Ctésibius, né à Alexandrie au commencement du second siècle, passe pour avoir été l'inventeur de la *pompe*. On lui attribue aussi la construction d'un *orgue hydraulique*, c'est-à-dire qui était mis en jeu au moyen de l'eau. Mais la plus curieuse de ses inventions est une *clepsydre à roue*, qui ressemblait un peu à nos horloges actuelles. L'eau tombait sur une roue et la faisait tourner ; alors elle communiquait un mouvement régulier à une figure en bois, qui, armée d'une baguette, indiquait successivement les heures, les jours et les mois, gravés sur une petite colonne.

131. JOURNAUX. — On croit généralement que les *gazettes* ou *journaux* n'ont été imaginées qu'à la fin du XVIe ou au commencement du XVIIe siècle ; c'est une erreur. Les Romains avaient quelque chose de semblable, comme l'a très-bien prouvé M. Le Clerc, dans un ouvrage intitulé : *Des Journaux chez les Romains.* Ces recueils ont commencé vers l'an 131, et ne consistaient d'abord qu'en *affiches*, connues sous le nom d'*Actes journaliers de la Ville*. Plus tard, on y inscrivit les édits des magistrats, les éphémérides politiques et judiciaires, les exécutions capitales, les naissances et décès des personnages remarquables, le détail des jeux et des spectacles, etc. N'est-ce pas là encore le programme de tous les journaux actuels? Des écrivains de profession tiraient tous les jours un certain nombre de ces publications et les vendaient aux libraires; on en envoyait même dans les provinces.

122. EAUX MINÉRALES. — Depuis longtemps déjà nous aurions dû mentionner l'usage que les Anciens faisaient des *eaux minérales* dans leur médecine. Les Romains surtout y attachaient une grande importance. Au temps des empereurs, on allait *aux eaux*, on y restait *une saison*, on y trouvait des plaisirs variés, absolument comme aujourd'hui. La première ville que les Romains aient fondée dans les Gaules ne l'a été qu'à cause d'une source minérale; c'est la ville d'Aix (Bouches-du-Rhône), bâtie l'an 122 par le consul Sextius Calvinus. Elle prit le nom de son fondateur, car *Aix* est une altération des mots *Aquæ Sextiæ*, les Eaux de Sextius.

120? FONTAINE DE COMPRESSION. — Ce que nous disions tout à l'heure de Ctésibius d'Alexandrie, il faut le répéter du savant Héron, son compatriote et son disciple. On lui attribue souvent les mêmes découvertes qu'à son maître, notamment la *pompe* et les *clepsydres à roue*. Mais une invention qui est certainement de Héron, c'est la *fontaine de compression* ou *fontaine jaillissante*, qui porte même encore son nom et qui donne les *jets d'eau*.

100? SPHÈRE ARTIFICIELLE. — Cette *sphère* fut construite, dit-on, par Posidonius, d'Apamée, en Syrie, qui était très-versé dans les mathématiques et dans l'astronomie. La sphère avait été inventée dès 375 par le savant Eudoxe, de sorte qu'il est très-probable que Posidonius n'a fait que la renouveler ou la perfectionner. On attribue aussi à ce savant les premières études sur le *flux* et le *reflux* de la mer. Il voulut également mesurer la hauteur probable de l'*atmosphère* et la *circonférence* de la Terre; pour la première, il trouva 74 kilomètres, ce qui est assez exact; mais, pour l'autre, il n'obtint que le sixième du nombre réel, qui est 40,000 kilomètres.

100? ALPHABET LATIN. — L'examen des plus anciennes inscriptions latines prouve que les Romains ne firent usage, dans l'origine, que des 16 lettres primitives des Grecs et des Étrusques. Plus tard, ils en ajoutèrent d'autres, selon le besoin; comme l'époque de chacune n'est pas bien connue, nous allons les réunir ici. Bien entendu que nous ne parlerons que de celles qui n'ont pas déjà été mentionnées ailleurs. — Le *c* n'est autre que l'*s* grecque, souvent représentée ainsi sur les monuments; ainsi on écrivait *heroc* pour *heros*. — L'*f* est attribuée par Plutarque à un affranchi romain, nommé Corbilius. — L'*h* vient du *hé* des Hébreux, car les Grecs ne l'avaient pas dans leur alphabet. — Le *j* avait la même forme et la même valeur que l'*i*; aussi dans la plupart des langues modernes, se prononce-t-il encore de la sorte. — Le *k* fut longtemps banni de l'alphabet latin; suivant Salluste, ce fut un maître d'école, nommé Salvius, qui le proposa et le fit adopter aux Romains. — Le *q* vient de l'hébreu; les Grecs le remplaçaient par le *k* ou le *ch*, et les Romains par le *c* ou le *k*. — Le *v* était la même chose que l'*u*; Varron et l'empereur Claude essayèrent inutilement de le faire représenter par une *⅃* renversée. — L'*y* est également la même chose que l'*u* des Phéniciens, apporté en Grèce en 1580; dans l'origine on confondait ces deux lettres; les Romains eux-mêmes écrivaient CYRIYS pour CURIUS.

100? Viviers, Huîtres. — Il fallait tout le luxe, tout le raffinement des Romains dégénérés pour porter si loin l'art de *bien vivre;* au reste, nous sommes dans le siècle des Apicius et des Lucullus. Tout le monde sait que ce dernier mangeait souvent dans un seul repas les revenus de toute une province. Quant au second, après avoir dissipé dans les plaisirs de la table la plus grande partie de sa fortune, il voulut savoir ce qu'il lui restait pour vivre; ses dettes payées, il trouva qu'il n'avait plus que 2,038,000 francs, et il s'empoisonna en disant : *Comment pourrais-je vivre avec si peu?*... Or c'est vers l'an 100, qu'un riche épicurien imagina de former des *parcs d'huîtres* dans une maison de campagne qu'il avait à Baïes, dans le royaume actuel de Naples. Il les faisait apporter de Brindes et les parquait dans le lac Lucrin. Sa spéculation lui réussit parfaitement. Cet utile citoyen s'appelait Sergius Orata. Peu d'années après, Licinius Muréna eut l'idée d'établir des *viviers* d'eau de mer pour les autres genres de poissons. Enfin Caïus Hirrius s'appliqua exclusivement à la *pisciculture* des *murènes*, dont il prêta 6,000 à Jules César pour les festins qu'il donna à l'époque de ses triomphes, c'est-à-dire l'an 46.

98. COMBATS D'ÉLÉPHANTS. — Les conquêtes des Romains leur avaient ouvert presque tous les pays; souvent ils en rapportaient les animaux les plus rares, soit pour alimenter la curiosité de leurs compatriotes, soit pour les faire combattre dans les amphithéâtres. C'est ainsi qu'en 98, dit-on, des *éléphants* amenés de l'Asie furent dressés à com-

battre les uns contre les autres ; en 58, l'édile Scaurus montra un *hippopotame* et cinq *crocodiles* vivants ; en 45, Jules César amena d'Égypte les premières *girafes* qu'on ait vues en Europe, etc.

96. NAVIRES JAPONAIS. — Voici la première fois que nous mentionnons le Japon, et c'est peut-être pour une erreur. On dit que ce n'est qu'en 96 que les Japonais ont commencé à construire des *navires ;* ce fait est assez difficile à croire, puisque le Japon est tout composé d'îles, et que ses premiers habitants n'ont pu y pénétrer que par la navigation.

92. ANTIDOTE. — Le plus ancien *antidote* ou *contre-poison* que nous connaissions est le *mithridate*, espèce de remède universel qui tire son nom de Mithridate le Grand, roi du Pont, auquel on en attribue la recette. Il y faisait entrer une grande quantité de drogues que nous ne connaissons pas.

88. CONCHOÏDE. — Les géomètres donnent ce nom à une certaine courbe, dont la théorie et l'application sont très-importantes. Quelques auteurs en rapportent la découverte à Nicomède, géomètre grec, qui vivait vers 175 ; mais d'autres l'attribuent à un autre Nicomède, ingénieur de Mithridate le Grand. On ajoute que c'est au moyen de cette courbe qu'il parvint à résoudre le fameux problème de la *duplication du cube.*

87. Rhétorique. — Quand les Romains ont commencé à se livrer à la culture des lettres et des sciences, ils ont pris les Grecs pour leurs maîtres et leurs modèles; ils en étudiaient la langue avec plus de soin que la leur propre. Ce fut donc une surprise pour eux quand, en l'an 87, à l'époque de la rivalité de Marius et de Sylla, on vit Photius Gallus donner à Rome les premières leçons de *rhétorique* en latin.

70. Cerisier. — Cet arbre, si répandu aujourd'hui en Europe, n'y fut pourtant apporté qu'à cette époque par le fameux proconsul Lucullus, qui l'avait tiré de Cérasonte, ville du Pont, dans l'Asie-Mineure.

63. Tachygraphie. — Nous avons prouvé que l'art d'écrire en notes abrégées était connu en Grèce dès le vᵉ siècle au moins; cependant l'historien Dion l'attribue à Mécène, le favori d'Auguste et le zélé protecteur des gens de lettres. D'autres, avec plus de raison peut-être, en font honneur à Tiron, affranchi de Cicéron; en effet, cette écriture abrégée est appelée par les Anciens *notes tyroniennes*.

62. Porcelaine. — Tout le monde convient que la *porcelaine* est d'invention chinoise; mais à quelle époque eut lieu cette précieuse découverte? C'est ce que nous ignorons. Quoi qu'il en soit, plusieurs savants, à la tête desquels on peut mettre Scaliger, conviennent que cette précieuse composition n'était autre chose que les *vases murrhins*, dont les Anciens faisaient un si grand cas, et dont quelques-uns se vendaient jusqu'à 450 ou 500,000 francs de notre monnaie! C'étaient les Parthes qui, selon Properce et Pline, excellaient dans l'art de les fabriquer, avec une matière cuite au feu, mais dont la composition était un secret. Or c'est au triomphe de Pompée, vainqueur de l'Orient, que parurent à Rome les premiers vases murrhins dont aient parlé les historiens.

60? ORDRE COMPOSITE. — Le cinquième ordre d'architecture, formé du corinthien et de l'ionique, fut inventé par des architectes romains vers le milieu du premier siècle avant Jésus-Christ; c'est pour cela qu'on l'appelle quelquefois *ordre romain*. On n'en connaît pas au juste l'auteur. — Nous placerons ici un autre fait dont la date n'est pas précisée par Festus, qui le rapporte : Mænius, citoyen romain, ayant vendu sa maison, qui avait vue sur l'amphithéâtre, s'y réserva une croisée, d'où il pût contempler les combats des gladiateurs. A cet effet, il éleva devant la croisée un *balcon*, soutenu par des colonnes. C'est de là que les architectes ont appelé *méniennes* les colonnes qui supportent un balcon.

50. MERCURE. — Une célèbre mine de *mercure* ou

vif-argent fut découverte cette année par les Romains à Almaden, dite alors Cetobriga, ville d'Espagne. C'est la plus ancienne que l'on connaisse ; elle existe encore aujourd'hui, mais ses produits ont bien diminué depuis 1563, qu'un Indien converti, nommé Gonzalez Navin Copa, découvrit au Pérou la célèbre mine de Guancavélica.

46. CALENDRIER JULIEN. — Le *calendrier romain*, déjà plusieurs fois rectifié, laissait encore beaucoup à désirer. Une nouvelle réforme fut entreprise par les soins de Jules César, alors dictateur de la république romaine. Il en chargea Sosigène, savant astronome d'Alexandrie, qui donna à l'année à peu près la forme qu'elle a eue depuis. En effet, il régla qu'à l'avenir elle se composerait de 365 jours pleins, et que tous les quatre ans on en ajouterait un, afin que l'année fût *bissextile*. Revu une dernière fois par Auguste l'an 8, le calendrier julien a subsisté sans changement jusqu'en 1582, que le pape Grégoire XIII lui donna toute la perfection dont il était susceptible. Le calendrier romain se composait de 12 mois, comprenant chacun le nombre de jours qu'ils ont maintenant. Chaque mois se divisait en trois parties : les *kalendes,* qui étaient le premier jour du mois ; les *nones,* qui tombaient le 7 de mars, de mai, de juillet et d'octobre, et le 5 des autres mois ; enfin

les *ides*, qui étaient toujours huit jours après les nones. Cette manière de compter est encore usitée à Rome dans les dates de l'Église.

45. Amphithéâtre. — Le premier *amphithéâtre* permanent qu'ait eu Rome était construit tout en bois. Il fut élevé par ordre de Jules César, qui voulait ainsi faire sa cour au peuple, de plus en plus fou des spectacles qu'on y donnait. On sait le mot fameux de la populace dans certains moments d'émeute : *Panem et circenses! Du pain et des spectacles!* Cela rappelle cet autre cri des émeutiers de la grande révolution : *Du pain et la constitution de l'an III!*

44. Juillet. — Jules César était parvenu au comble de la puissance; il se fit nommer dictateur perpétuel et reçut du Sénat le titre fastueux d'*Imperator*. C'est alors que, pour le flatter, son collègue Marc-Antoine fit donner au mois appelé auparavant *Quintilis* le nom de *Julius, Juillet*. Ces vains titres, ces honneurs outrés n'empêchèrent pas César de tomber, le 15 mars, sous le poignard des conjurés, qui osèrent le frapper en plein sénat.

40? Moulins a eau. — Les *moulins à eau*, dont nous avons dit précédemment qu'ils étaient d'invention gauloise, ne sont mentionnés dans les auteurs latins que vers le temps de César et d'Auguste.

10

Le célèbre architecte Vitruve est le premier qui les ait décrits.

10? PEINTURE. — Pline prétend que Ludius, célèbre peintre de paysages et de marine qui vivait sous Auguste, fut le premier qui exécuta la *peinture à fresque*. Il couvrait les murailles des maisons de campagne d'édifices, de portiques, de forêts, de scènes animées. On y voyait des promeneurs, des pêcheurs, des chasseurs, qui semblaient marcher, agir, parler, etc. Tout cela paraissait fort extraordinaire aux Romains.

8. AOUT. — Un sénatus-consulte de cette année donna au mois *Sextilis* ou sixième le nom d'*Augustus*, dont nous avons fait *Août*, et cela en l'honneur de l'empereur Auguste, qui était né dans ce mois, et qui y avait accompli les plus remarquables actions de sa vie.

7. CARTE DE L'UNIVERS. — Le célèbre Agrippa, gendre, ministre et favori d'Auguste, étant mort en l'an 12, sans avoir achevé un superbe portique qu'il avait projeté, sa sœur Pola le fit continuer, et l'empereur le dédia lui-même sous le titre de *Portique de Pola*. Ce qu'on y admirait le plus, c'était une carte ou plan réduit de l'*Univers romain*. Il paraît que cette magnifique carte fut dressée d'après les travaux vraiment remarquables de trois mathématiciens grecs, que

Jules César avait chargés de faire le *cadastre* ou le plan de toutes les provinces soumises. Ils se mirent à l'œuvre en l'an 48; Zénodote, qui avait à mesurer l'Orient, y employa dix-sept ans; Théodote en mit vingt-trois pour arpenter le Nord; enfin Polyclète, chargé du Midi, ne put terminer lui-même son travail, qui dura plus de cinquante ans, et qui n'était pas encore achevé à l'époque où fut faite la carte de l'Univers.

7. Codiciles. — Quand un homme a fait son testament, il peut toujours y ajouter ou retrancher; or les modifications qu'il y apporte, par des articles supplémentaires, sont ce qu'on appelle des *codiciles*. L'usage de ces dispositions testamentaires paraît avoir été introduit sous Auguste par un certain Lucius Lentulus.

4. Bosquets. — Pline nous apprend qu'un chevalier romain, nommé Mutius, fut le premier qui eut l'idée de tailler les arbres des *bosquets*, pour leur donner une forme plus régulière et plus gracieuse.

Notre tâche est terminée. Des recherches plus longues et plus minutieuses nous auraient certainement conduit à bien d'autres découvertes. Néanmoins le tableau que nous avons tracé, ou pour mieux dire, l'inventaire que nous avons dressé, sans être complet, offre assez d'ensemble pour permettre au lecteur qui observe, de porter un jugement sur la marche de l'esprit humain aux premiers âges. D'ailleurs notre plan ne nous permettant pas de dé-passer l'ère chrétienne, nous nous sommes vu, en quelque sorte, privé de la partie la plus intéressante, la plus riche en faits de toute l'antiquité, je veux dire la période de l'Empire romain.

TABLE GÉNÉRALE

PAR ORDRE ALPHABÉTIQUE.

Une table du genre de celle-ci ne saurait être trop complète. C'est un répertoire que l'on aime à consulter, et où l'on est bien aise de trouver sur-le-champ ce que l'on désire. Nous y avons soigneusement indiqué tous les articles répandus dans l'ouvrage, et toutes les pages où il en est question. Quelquefois le même fait a été reproduit sous deux noms différents, tels que *bague* et *anneau*, *lanterne* et *falot;* cela nous a paru nécessaire pour rendre les recherches plus faciles.

FIN DE LA TABLE.